山东耕地质量评价与应用丛书

鄄城耕地

田言俊　主编

山东大学出版社

《鄄城耕地》编辑委员会

前言

土地是人类赖以生存的基础，耕地是农副业乃至人类生产、生存的物质基础和保障，耕地资源的好坏直接影响农业的生产发展和人类的生存质量。

《鄄城耕地》共分两部分，第一部分是在实施国家级测土配方施肥项目、推广配方施肥技术的同时，注重生产实践、数据积累和理论研究。在大量采样调查数据中，按照“科学性、代表性、准确性”的原则对筛选出的2079个(组)样品(数据)进行分析，参考了1981年《鄄城县第二次土壤普查》和1989年《鄄城县土地资源调查》的相关资料，分析了鄄城县自然环境和生产活动对鄄城耕地的影响，在山东省土壤肥料总站、山东农业大学资源与环境学院的指导帮助下，完成了鄄城县耕地地力评价，指明了鄄城县耕地资源改良利用方向。鄄城县耕地自然环境条件改良利用的主要方向为改善灌溉方式，防止土壤的次生盐渍化。鄄城县土体整治的重点应着力于改善土体构型，宜采取秸秆还田、增施有机肥料、深耕等措施，改良偏砂的土壤表层质地及不良的土体结构。鄄城县耕地土壤培肥改良的主要方向为有针对性地增施有机肥料和钾肥，不断培育耕地地力，协调耕层土壤的供养能力。第二部分是在总结鄄城人民长期生产实践的基础上，提出了进一步加强耕地质量建设的技术措施，具有一定的实用性，对指导人们合理利用耕地资源，提高农作物产量，改善农产品品质，实现农业生产的可持续发展，不断提高和改善人类的生存、生活质量都具有一定作用。

由于编著者水平所限，书中难免有不妥之处，请予以指正。

编著者

2011年3月

目录

第一篇　耕地资源状况

第二篇　耕地资源管理

第一篇　耕地资源状况

第一章　自然与农业生产概况

第一节　自然条件

一、基本概况

鄄城县位于山东省的西南部，地处北纬 35°45′13.09″～35°22′46.89″，东经 115°43′31.20″～115°18′47.56″，属黄河冲积平原，东邻郓城县，南接牡丹区，西部、北部与河南省的濮阳县、范县隔黄河相望。鄄城县地理位置优越，交通十分便利，鄄城县东靠京九铁路，南临新兖石铁路，距济南和郑州国际机场各约 200km，紧邻日东、济广等高速公路，德商高速及临商、济董等省级公路贯穿全境。

全县共有鄄城镇、什集镇、红船镇、旧城镇、闫什镇、吉山镇、李进士堂镇、董口镇、临卜镇、彭楼镇、左营乡、大埝乡、引马乡、凤凰乡、富春乡、郑营乡 16 处乡镇，共约 82.6 万人，442 个行政村，1075 个自然村，18.88 万户，其中农业人口为 70.93 万人。全县土地总面积为 103767.01hm^2，耕地总面积为 64234.41hm^2，占土地总面积的 61.9%。

二、气　候

鄄城县属暖温带半湿润季风型大陆性气候，冬季干燥寒冷，秋季凉爽，夏季高温多雨，春季干旱多风，冷热季和干湿季的区别明显，四季变化分明，光照充足，降水年际变化显著，年内分配不均。这一寒暖干湿交替的气候特征对成土过程产生了重要影响。

(一)温度、日照

鄄城县年平均气温为 13.5℃，年际变化不大，最高值为 14.2℃，最低值为 12.5℃。月平均最高气温在 7 月，为 28.9℃，极端最高气温(1967 年 6 月 8 日)达 41.5℃；月平均最低气温在 1 月，为－1.65℃，极端最低气温(1971 年 12 月 27 日)为－20.0℃。四季气温日较差：春季平均为 12.4℃，秋季平均为 10.4℃，冬季平均为 10.5℃，夏季平均为 9.3℃。各月平均温度与气温稳定通过 0℃～20℃日数及初终期见表 1-1 和表 1-2。

表 1-1 各月平均温度

月份	1	2	3	4	5	6	7	8	9	10	11	12
平均(℃)	－1.65	1.10	7.20	14.10	19.80	25.80	28.90	25.80	20.50	13.90	6.90	0.49

表 1-2 气温稳定通过 0℃～20℃日数及初终期

气温(℃)	0	5	10	12	15	18	20
初日	18/2	13/3	5/4	10/4	29/4	10/5	18/5
终日	12/12	18/11	31/10	22/10	10/10	2/9	9/7
日数(天)	298.2	251.7	210.0	201.0	165.0	138.0	113.0
积温(℃)	5043.0	4877.4	4502.4	4296.3	3868.9	3303.7	2800.1

年平均无霜期为 205 天，无霜期最短为 175 天(1991 年)，最长为 281 天(1999 年)。

全年平均日照时数为 2539.3h。累年各月平均日照时数以 5 月最多，达到 270.8h，1 月最少，为 171.5h。日照百分率全年平均为 57%，各年平均以 5、6 月最大，达 62%，7 月最少，为 52%。

年平均地温 5cm 为 15.3℃，10cm 为 16.6℃，高于年平均气温，各月平均地温也都高于月平均气温。土壤冻结期不长，冻结不深，常年冻结期是 1 月 1 日，解冻期是 2 月 13 日，历时 44 天。冻结深度一般在 20cm 左右，最大冻土深度也不超过 30cm。

(二)降水及蒸发

鄄城县年平均降水量为 589.2mm。各年间相差较大，最大年降水量为 942.3mm(1964 年)，最小年降水量为 325.4mm(1959 年)，最大年降水量为最小年降水量的 2.9 倍。历年平均绝对变率为 178.3mm，平均相对变率为 27.5%，属于降水不稳定地区。年内各季节平均降水量悬殊更大，春季平均降水量为 94.2mm，占全年降水量的 16%；夏季平均降水量 336.8mm，占全年降水量的 57%；秋季平均降水量为 138.2mm，占年降水量的 23.5%；冬季平均降水量为 20.1mm，占全年降水量的 3.5%。月平均降水量最大的是 7 月，降水量为 155.2mm；最小的是 1 月，降水量只有 4.7mm。

全年平均蒸发量为 1932.5mm。月平均蒸发量最大的是 6 月，为 331mm，占全年蒸发量的 17.27%，5 月次之，为 289.6mm，占全年蒸发量的 14.96%；最小的是 12 月为 51.9mm 及 1 月为 54.4mm，分别占全年平均蒸发量的 2.7%和 2.8%。蒸发量远大于降水量是本县气候条件的重要特点，加之降水分配不均，旱涝季节明显。

旱涝频率：春旱 1～2 年一遇，春涝 5～10 年一遇；夏旱 3～5 年一遇，夏涝 1～2 年一遇；秋旱 2～3 年一遇，秋涝 3～5 年一遇。

(三)干燥度与风

鄄城县平均干燥度为 1.36，气候较为干燥。最低年份是 1964 年，为 0.83，最高年份是 1959 年，为 2.9。7、8 月平均干燥度为 0.99，5 月干燥度为 2.9。鄄城县冬季多北风，春季多南风。风速月变化，1～4 月平均风速逐月上升，4 月最大，5 月以后又逐渐下降，至 8 月最低，8 月后又上升，到 11 月又较大，年底略有下降。4 月由于风速较大，蒸发量大而降水又少，气候干燥，在这一阶段干热风会不同程度地出现，影响小麦后期正常生长。

（四）灾害性天气

1. 冰雹：鄄城县年内出现冰雹最早时间在4月中旬，最晚在9月下旬，一般多集中于6月。冰雹出现的机遇平均3～5年一遇，冰雹危害机遇平均5～10年一遇。冰雹路径大致是西北—东南走向。冰雹起于河北省，从旧城镇北过黄河，路经旧城镇东部、大埝乡、吉山镇西部、鄄城镇东部、凤凰乡、郑营乡到彭楼镇什李村，然后再向南进入牡丹区。此外，还有两条小的路径，一条是从董口镇过黄河，路经董口镇南部、富春乡东部、郑营乡西部及南部，到彭楼镇什李村与主道合并向南移；另一条是从鄄城镇军屯村附近分出一小股向东南移，经凤凰乡、引马乡、红船镇，进入郓城县。

2. 干热风：干热风主要出现在5月中下旬，危害冬小麦，引起小麦不同程度的减产。一般轻干热风日数多于重干热风日数，轻干热风日数平均为2.9天，重干热风日数平均为1.6天，各年不一。

3. 暴雨：暴雨平均初期在6月25日，终期在8月16日，多集中于7月上旬至8月中旬。

4. 霜冻：累年平均初霜期为10月24日，但各年早晚不一。出现最早的为1968年9月29日，最晚的为1977年11月10日；平均终霜冻期为4月1日，最早的为1977年2月14日，最晚的为1962年4月28日。

鄄城县的气候特点：一是春季干旱多风。春季降水少、气温回升快、蒸发量大、干燥度为2.4，是土壤在全年中返盐的高峰季节。二是夏季高温多雨。全年最高气温出现在7、8月，降水量占全年的45%～50%，为土壤中物质与能量的迁移转化及土壤生物作用旺盛期。三是秋季凉爽少雨。秋季是全年大量补充土壤有机物质及各种矿质养分的时期，要提高整地质量，实行配方施肥，不断改善土壤的理化性状。四是冬季干燥寒冷。土壤水热变化缓慢，微生物处于休眠状态，为土壤物质与能量的迁移转化稳定期。

三、地形地貌

鄄城县位于山东省的西南部，隶属菏泽市，地处黄河冲积平原，全县南北长约37km，东西宽约32km，地势平坦，总的地势是西高东低，海拔高程为46.6～55.5m。

1911～1935年，25年间黄河八次决口，其中七次（葵堌堆两次、李升屯两次、董口一次、东明黄庄两次）决口水淹鄄城大部分土地，地貌类型比较复杂。地貌类型的形成与河水的流向和流速密切相关，如临卜砂河从河槽向两侧，随着水速的减缓，呈现缓岗地—缓平坡地—浅平洼地类型。大部分地区都是静水沉积，形成的多为河槽洼—缓平坡—浅平洼或槽洼—缓平坡地。根据鄄城县的实际情况，全县地貌类型可分为六类，即缓平坡地、缓岗地、浅平洼地、河滩高地、背河槽状洼地、河槽洼地。

（一）缓平坡地

缓平坡地是全县的最大地貌类型，面积为33338.87hm^2，占全县可利用面积的42.38%。这个地貌类型地势较平，质地多为壤土或砂壤，淤灌区也有重壤，潜水埋深一般在2～3m，土壤盐化威胁较大，局部地区有不同程度的盐斑出现。

(二)缓岗地

缓岗地是全县第二大地貌类型，面积为 22152.07hm^2，占全县可利用面积的 28.16%。主要由黄河决口携带的泥砂沉积而成，是河槽洼地和缓平坡地的中间地带，主要分布在临卜砂河两侧，土壤质地砂或砂壤。因地势较高，潜水埋深一般在 2.5～3m，一般排水畅通，灌水条件较差。

(三)浅平洼地

浅平洼地是全县第三大地貌类型，面积为 7220.13hm^2，占全县可利用面积的 9.18%。为黄河泛滥尾水缓流或静水沉积而成，地势较洼，表层质地较黏重，多为中壤或重壤，边缘与洼地高差为 0.5～1m，分布在大埝乡“九家村洼”、红船镇“韩桥洼”、吉山镇“孙垓洼”，潜水埋深为 2.5m 左右，排水不畅，易受涝渍，丰水年部分地区积水成灾。因洼心质地较黏，客水汇集，淋洗作用强，不易盐化，但洼地边缘水分补给量较大，毛管水蒸发作用强，易形成盐化土壤。

(四)河滩高地

河滩高地主要分布在黄河滩区，面积为 10927.87hm^2(包括滩区无固定收入的耕地 2400hm^2)，占全县可利用面积的 13.9%，是由黄河涨水漫滩夹带的泥砂沉积而成。因河水漫滩的次数不同，微地貌比较复杂，所以形成的土壤质地差异甚大，砂、壤、黏均有，呈微碱性的分布规律，潜水埋深一般在 5m 以下，排水条件较好，灌水条件差，没有盐化威胁，土地肥力较高，适宜小麦、大豆生长。

(五)背河槽状洼地

背河槽状洼地主要分布在黄河大堤两侧，面积为 2041.27hm^2，占全县可利用面积的 2.6%。形如带状，宽处一二百米，窄处几十米，长 52.5km，主要是多次复堤取土而形成的，地下水埋深为 1.5～2m。在临卜、董口、旧城、左营黄河堤两侧呈间断性的分布，多为积水地或盐碱地。

(六)河槽洼地

河槽洼地主要是黄河决口遗留下来的旧河道，在全县比较大的是临卜砂河和吉山河河道，河床比两侧缓岗地低 1～1.5m，呈带状，宽处四五百米，窄处二三百米。临卜砂河长 24.8km，吉山河长 19.9km，潜水埋深为 1.5～2m，汛期多为排水道，两侧土壤受盐化威胁较大，有大小不同程度的盐斑，河槽多为荒地或芦苇地。因淤灌，临卜砂河、吉山河上游淤成了平坡地，现有面积 2980.73hm^2，占全县可利用面积的 3.8%。

四、成土母质及土壤类型分布

鄄城县地处黄泛平原，成土母质为黄河冲积物，母质来源是黄河从上游黄土高原携带大量泥砂沉积而成，黄土母质富含钙质，故全县土壤石灰反映强烈，有效磷易被土壤中的钙所固定，土壤呈微碱性至碱性。

土体的质地构型与冲积物沉积规律密切相关。金堤以南，基本上是由北董庄决口一次冲积而形成的，沉积时受沉积规律和分带规律的影响，呈现明显的特点：一是沉积物成层，多黏砂相间；二是纵向分带明显；三是横向分带较显著，即河槽、缓岗为砂，缓平坡地为壤，浅平洼地为黏。金堤以北是由多次黄河决口沉积而成，所以微地貌比较复杂，土壤分布不太规律，但小片仍是按沉积规律分布。缓平坡地多为壤质，吉山河槽为砂，洼地多为中壤和重壤。淤灌区和河滩地呈微域性的分布。

土壤质地主要有砂质、壤质、黏质三种。

（一）砂质（松砂、紧砂、砂壤）主要分布在临卜砂河、吉山河两岸及旧城北滩、董口西南滩等处，地貌类型多为缓岗地、河滩高地和河槽洼地。面积为 3206.4hm²，占全县可利用面积的 40.65%。

（二）壤质（轻壤、中壤）主要分布在吉山、大埝、左营、鄄城镇北部，凤凰、引马、红船、郑营几乡镇的大部，地貌类型多为缓平坡地，浅平洼地的边缘，面积为 3533.7hm²，占全县可利用面积的 44.8%。

（三）黏质（重壤、黏土）分布在河滩、九家村洼、杨台庄洼及孙骇洼，地貌类型多为洼地，面积为 1147.7hm²，占全县可利用面积的 14.55%。

五、地面水与地下水

全县地面水的来源主要是黄河。吉山河、临卜砂河是黄河决口的故道。黄河在全县境内长 52.5km，现在基本保持黄河水常年不断流，但有明显的季节性，春、冬季为少水期，夏、秋季为汛期。黄河水常年携带泥砂沉积河床，现已成为悬河，水面常年高出地面 3～5m，汛期时水面高出 5～8m。因地处河岸，水利资源比较丰富，引黄工程较多，现有引黄闸两处、总干渠 4 条（长 89km）、分干渠 26 条。

鄄城县地下水资源丰富，现有机井 7808 眼，地下水位为 1～10m。潜水埋深受自然降水和引黄及河流的渗漏影响较大。根据鄄城县水利局潜水埋深定位观察资料分析，潜水埋深呈周期性的变化，最低潜水位在每年的 5～6 月，潜水埋深 3m 左右。最高在 8～9 月，潜水埋深 2～2.5m。水质多为弱矿化水，适宜灌溉。潜水埋深分区详见表 1-3。

表 1-3　鄄城县潜水埋深分区表

潜水埋深（m）	面积（hm²）	占可利用面积（%）	分布	地貌类型
1～2	2095.7	2.66	大埝九家村、董口东南、高庄	浅平洼地、背河槽地
2～3	2285.3	2.91	鄄城镇、大埝乡、旧城镇东	浅平洼地、缓平坡地
3～4	62184.1	79.10	分布较广	
4～5	8689.1	11.00	临卜、董口、旧城滩区、闫什镇、	河滩高地、河滩洼地
>5	3406.7	4.30	左营乡、旧城镇北滩	缓岗地、河滩高地

全县耕层土壤矿化度分为四级。一级（<0.5）耕地面积为 1120.3hm²，占全县耕地面积的 1.47%，主要分布在河身王庄、齐堂、向阳村、高庄、向庄、牌坊楼、刘双楼、九家村；二级（0.5～2）耕地面积为 76128.3hm²，占全县耕地面积的 96.78%，分布在全县各个乡镇；三级（2～5）耕地面积为 1282hm²，占全县耕地面积的 1.68%，主要分布在东刘楼、土桥、杜阁、周大庙、周洼、庄子庙、什集村、后孙寨；四级（>5）耕地面积为 130.3hm²，占全县耕

地面积的 0.17%，主要分布在朱庄、西红庙屯、方庙。

六、植被

鄄城县气候温暖，土层深厚，适宜多种植物生长，因此植被类型较多。植被以栽培作物为主，其中粮食作物有小麦、玉米、地瓜、豆类（包括大豆、绿豆、红小豆、豌豆、扁豆等）、谷子、高粱等。

经济作物有棉花、花生、芝麻等。

瓜类有西瓜、甜瓜、冬瓜、南瓜、黄瓜、艮瓜、搅瓜、丝瓜等。

蔬菜类有白菜、菠菜、萝卜、韭菜、葱、蒜、西红柿、辣椒、豆角、甘蓝、芹菜、芫荽、山药、眉豆、生菜、土豆、芸豆、西葫芦、莴苣等。

林木植被类型为温带落叶阔叶林，主要树种有杨、柳、榆、桐、槐、椿、楝、桑、松柏等；条木类有白腊、紫穗槐、杞柳等；果树类有苹果、桃、杏、枣、梨、葡萄、石榴、樱桃等。森林覆盖率为 28.5%。

花卉有菊花、夹竹桃、鸡冠花、美人蕉、玫瑰、木槿等。

水生植物有藕、芦苇、蒲草等。

自然植被类型主要为野生杂草，有茅草、曲曲菜、蒺藜、节节草、狗身草、灰灰草、刺儿菜、蒲公英、小旋花、瓦松、星星草、野向日葵、野西瓜棵等，药用草木有马齿苋、香附、地黄、车前草、菟丝子、花椒、茵陈、艾等。

第二节 农村经济与农业生产情况

一、农村经济情况

鄄城县是一个农业县，是全国粮食生产基地县、全国高标准平原绿化县。农业人口为 70.93 万人，农村劳力有 27.6 万人，全县耕地面积为 64234.41hm^2。

2009 年，农村用电量为 12095.2 万度，农业用电量为 5938 万度，农用柴油为 9.48 万吨，农药使用量为 1.16 万吨，地膜使用量为 1.52 万吨，化肥使用量（实物）为 15.26 万吨。2009 年末，大牲畜存栏为 3.79 万头，猪为 36.51 万头，羊为 76.68 万只，家禽为 281.66 万只，兔为 26.11 万只，当年出栏牛为 2.02 万头，猪为 31.51 万头，羊为 70.02 万只，家禽为 399.74 万只，兔为 24.31 万只，肉类总产量为 40.44 万吨，奶类总产量为 0.13 万吨，羊毛产量为 0.04 万吨。

鄄城县土地耕种历史悠久，以农业为主，兼有林业、畜牧业。近年来，鄄城县各级党委、政府紧紧围绕“发展农业、繁荣农村、致富农民”三大任务，积极实施农业增效、农民增收、财政增收和农村稳定的“三增一稳工程”，贯彻落实科学发展观，强力实施“突破鄄城”战略。以调整农业和农村经济结构为主线，以培植畜牧、林果、蔬菜三大龙头经济为重点，以发展农业产业化为主攻方向，以深化农村改革和科教兴农为动力，狠抓党的各项政策的落实，千方百计地加快农业和农村经济发展。

2009 年，全县实现农业总产值 24.18 亿元，比上年增长 18.35%，农民人均纯收入为

5030 元,增长 12.86%,人均增长 573 元。农业和农村经济保持了健康发展的良好势头。

根据统计,2009 年全县总产值为 350699 万元,较 2008 年增加了 41261 万元,其中农业、林业、牧业、渔业、农林牧渔服务业分别占 68.9%、3.0%、25.2%、1.9%、1.0%(表 1-4)。

表 1-4 农村经济情况(鄄城县统计局)

年 份	2009 年		2008 年	
	现价(万元)	%	现价(万元)	%
总 计	350699	100	309438	100
1. 农业	241785	68.9	204292	66.0
2. 林业	10356	3.0	12792	4.1
3. 牧业	88240	25.2	81145	26.2
4. 渔业	6733	1.9	7924	2.6
5. 农牧渔服业	3585	1.0	3285	1.1

二、农业生产现状

根据 2009 年农业统计资料,全县耕地面积为 64234.41hm^2,人均耕地为 0.08hm^2,农作物播种面积为 127675.0hm^2,复种指数为 199%,主要作物播种面积、单产、总产见表 1-5。

表 1-5 鄄城县 2009 年农业生产现状(鄄城县农调队 2009 年)

农作物种类	播种面积(hm^2)	平均单产(kg/hm^2)	总产量(吨)
小麦	61728.0	5439.0	335738.6
玉米	24568.7	5520.0	135619.2
大豆	2580.9	2511.0	6480.6
油类作物	13818.7	4474.5	61831.8
棉花	8913.1	1021.5	9104.7
蔬菜			8167.3

通过对 200 户种粮农户和 50 户大田蔬菜种植农户的调查,获得了不同用地类型农户产量、产值、效益、成本统计表和不同用地类型农户肥料施用量统计表(表 1-6 和表 1-7)。

表 1-6　不同用地类型农户产量、产值、效益、成本统计表

农田类型		粮田	大田蔬菜
年产量（kg/hm²）		10854	297600
年产值（元/hm²）		17366.4	45820
年效益（元/hm²）		7526.4	23070
生产成本（元/hm²）	合计	9840	22750
	化肥	4050	8400
	有机肥	900	2250
	农药	450	1800
	种苗	975	1350
	灌溉	1140	2800
	农膜	—	1800
	人工	750	3150
	其他	1575	1200

表 1-7　不同用地类型农户肥料施用量统计表

农田类型		粮田（kg/hm²）	大田蔬菜（kg/hm²）
有机肥	合计	4810	6750
	商品有机肥	10	900
	其他	4800	5850
化肥	合计	2269.6	4200
	复合肥	1650	1750
	碳酸氢铵	127.5	275
	尿素	334.5	1125
	过磷酸钙	118.6	235
	钾肥	31.5	300
	其他	7.5	515
折纯量	纯氮	538.5	812
	五氧化二磷	233.5	526
	氧化钾	45	283.5

第三节 农业基础设施情况

一、农田水利

鄄城县属淮河流域、洙赵新河水系，河道众多，密集交错，水资源开发利用潜力较大。除西部、北部紧靠黄河外，全县有骨干河道 8 条，自南向北是徐河、临卜砂河、三分干河、华营河、金堤西河、吉山河、五支沟、鄄郓河等，境内总长为 135.99km。苏泗庄和旧城两个引黄灌溉区共有排水干沟 13 条，长为 146.2km，其中 $30hm^2$ 以上的干沟 4 条，长为 62.9km，大小沟渠交错其间，对发展灌溉和排涝发挥着重要作用。地表径流量为 $5.29\times10^6m^3$，地下蕴藏量约为 $2.327\times10^8m^3$，水利资源优越，农田水利设施完善。

根据 2009 年统计，鄄城县现有机井为 7808 眼，排灌机械保有量为 28526 台(套)，其中水泵为 24691 台，喷灌机械为 3835 套，有效灌溉面积为 $50950hm^2$(井灌面积为 $28930hm^2$，黄灌面积为 $22020hm^2$)，旱涝保收面积为 $28620hm^2$。其中保浇水一水区为 $693.96hm^2$，占总耕地面积的 1.08%；二水区为 $19559.38hm^2$，占总耕地面积的 30.45%；三水区为 $24955.07hm^2$，占总耕地面积的 38.85%；四水区为 $19019.81hm^2$，占总耕地面积的 29.61%；不能浇水区为 $7.22hm^2$，占总耕地面积的 0.01%。

二、农业生产机械

截至 2008 年底，农业机械总动力为 1080842kW，大中型拖拉机牵引机械为 4567 台，田间作业配套为 28295 台，其中犁为 8882 台，旋耕机为 3702 台，耙为 4186 台，播种机为 6979 台，收割机为 1513 台，秸秆粉碎还田机为 2909 台，铺膜机为 89 台，化肥深施机为 35 台，拖拉机为 12546 台。

第二章　土壤与耕地资源状况

第一节　土壤类型与分布

土壤是自然界的客观实体。它是在气候、地形、母质、生物、时间、自然因素综合作用下发育形成的，也是劳动的产物。在人类生产活动影响下，土壤有垂直分布、水平分布和地域分布的特点。鄄城县地处黄河泛滥平原，成土母质为黄河冲积物，土壤形成系黄河多次决口泛滥，携带大量泥砂沉积而成，河水泥砂沉积时流速不同，成土母质颗粒粗细不一，不仅在表层质地上有明显的差异，而且土体构型上也有很大的差别。人类长期耕种、管理，使土壤逐步向有利于生产的方向发展。

因受温暖而半湿润的季风性气候影响，本应形成地带性的褐土类。但由于黄河河床高，堤外地势相对低平，又加之大量引用黄河水抬高了潜水位，潜水参与了土壤成土过程，而降低了气候的成土主导作用，所以没形成褐土，而形成地带性的潮土土类。又由于引水灌溉多，渠系渗漏重，排水不畅，致地下水上升，"盐随水来、水散盐存"，造成了土壤次生盐渍化，形成了潮土中的盐化潮土亚类。

根据全国第二次普查的土壤分类原则，鄄城县土壤共分为 1 个土类、2 个亚类（潮土亚类、盐化潮土亚类）、3 个土属（潮土属、淤灌潮土属、盐化潮土属）和 80 个土种。

淤灌潮土属是 20 世纪七八十年代，在人为条件下引用黄河水灌溉沉积而成的。当时由于成土时间短、熟化差，在改良利用上稍低于潮土，因此，暂划归为淤灌潮土属，但经过 20～30年的耕作熟化，现仍应划归为潮土属。

一、土壤分类原则及系统命名

（一）土壤的分类原则

土壤的分类原则是根据 1979 年《全国第二次土壤普查暂行技术规程》和《山东省土壤工作分类暂行方案》进行分类的，采用了五级制，即土类、亚类、土属、土种、变种。

土类是土壤分类的基本单元。它是在一定的综合自然条件或人为因素作用下，经过一个主导的或几个相似结合的次要成土过程，具有一定的发生层次，土类间在性质上有明显的差异。

亚类是在土类范围内的进一步划分。

土属具有承上启下的特点，是土壤在区域性因素的影响下所表现的区域性变异。

土种是基层分类的基本单元。同一土种发育在相同的母质上，并且有类似的发育程度和侧面层次排列。表现为主要层次的排列顺序、厚度、结构、颜色、有机质含量和 pH 等基本相似，只是在量和出现部位上有些差异。如土体内的夹层有砂、壤、黏；土层厚薄，大于 30cm 为厚层、小于 30cm 为薄层；部位，0～20cm 为表层、20～60cm 为心部、60～100cm 为腰部、100～150cm 为底部。

变种是土种范围内的细分。划分的依据是土壤肥力水平和常年粮食产量，一般分为五级：高产、较高产、中产、较低产、低产。

（二）土壤命名方法

土壤命名既要反映土壤本身的发生、发展，又要体现土体的综合层次，因此，采用分级处理连续命名的方法，即在高级分类单元中采用大家熟悉的土类、亚类名称，层次分类单元则在耕作土壤中，主要采用经过整理和提炼的群众名称（表 2-1）。

表 2-1　　土壤分类检索表

<table>
<tr><th colspan="2">土类</th><th colspan="2">亚类</th><th colspan="2">土属</th><th colspan="5">土种划分依据及代号</th></tr>
<tr><th rowspan="2">代号</th><th rowspan="2">名称</th><th rowspan="2">代号</th><th rowspan="2">名称</th><th rowspan="2">代号</th><th rowspan="2">名称</th><th rowspan="2">盐化程度
（分子表示）</th><th colspan="2">土体构型
（分母表示）</th><th colspan="2">耕层质地
（分子表示）</th></tr>
<tr><th>代号</th><th>名称</th><th>代号</th><th>名称</th></tr>
<tr><td rowspan="13">C</td><td rowspan="13">潮土</td><td rowspan="8">b</td><td rowspan="8">潮土</td><td rowspan="3">2</td><td rowspan="3">潮土</td><td rowspan="8"></td><td>1</td><td>薄砂心</td><td>1</td><td>松砂土</td></tr>
<tr><td>2</td><td>厚砂心</td><td>2</td><td>紧砂土</td></tr>
<tr><td>3</td><td>薄砂腰</td><td>3</td><td>砂壤土</td></tr>
<tr><td rowspan="5">2′</td><td rowspan="5">淤灌潮土</td><td>4</td><td>厚砂腰</td><td>4</td><td>轻壤土</td></tr>
<tr><td>5</td><td>薄砂底</td><td>5</td><td>中壤土</td></tr>
<tr><td>6</td><td>厚砂底</td><td>6</td><td>重壤土</td></tr>
<tr><td>7</td><td>薄壤心</td><td>7</td><td>黏土</td></tr>
<tr><td>8</td><td>厚壤心</td><td></td><td></td></tr>
<tr><td rowspan="5">c</td><td rowspan="5">盐化潮土</td><td rowspan="5">5</td><td rowspan="5">盐化潮土</td><td rowspan="5">按盐斑分
（一）轻度 10%
（二）中度 20%～30%
（三）重度 40%～50%</td><td>9</td><td>薄壤腰</td><td></td><td></td></tr>
<tr><td>10</td><td>厚壤腰</td><td></td><td></td></tr>
<tr><td>11</td><td>薄壤底</td><td></td><td></td></tr>
<tr><td>12</td><td>厚壤底</td><td></td><td></td></tr>
<tr><td>13</td><td>薄黏心</td><td></td><td></td></tr>
<tr><td colspan="7" rowspan="6">心位：20～60cm
腰位：60～100cm
底位：100～150cm
注：厚层＞30cm；薄层＜30cm
土体构型：松砂、紧砂、砂壤为砂；
轻壤、中壤为壤；重壤、黏土为黏</td><td>14</td><td>厚黏心</td><td></td><td></td></tr>
<tr><td>15</td><td>薄黏腰</td><td></td><td></td></tr>
<tr><td>16</td><td>厚黏腰</td><td></td><td></td></tr>
<tr><td>17</td><td>薄黏底</td><td></td><td></td></tr>
<tr><td>18</td><td>厚黏底</td><td></td><td></td></tr>
<tr><td>19</td><td>均质</td><td></td><td></td></tr>
</table>

使用方法：先给每个土类、亚类、土属、土种、变种进行代号，然后进行顺序编码。大写英文字母“C”代表潮土类；小写字母“b”或“c”代表亚类，“c”代表盐化潮土亚类，“Cb”代表潮土类潮土亚类，“Cc”代表潮土类盐化潮土亚类；土属、土种用阿拉伯数字或符号表示，“2”表示潮土属，“5”表示盐化潮土属；数字分子表示表层质地，分母代表土体构型；盐化程度用符号表示，“一”表示轻度、“二”表示中度、“三”表示重度。如“Cb24/2”表示潮土类、潮土土亚类、潮土属，表层质地是轻壤质、心部厚砂心。“Cc55(一)/4”表示潮土类、盐化潮土亚类、盐化潮土属，表层质地是中壤、腰部厚砂腰、轻度盐碱。

二、土壤类型与分布

(一)土壤类型分述

1. 潮土属。潮土属是全县分布面积最大的土属，沿黄河5乡镇和富春乡占土地面积的二分之一左右，其余11个乡镇占土地面积的50%以上，全县面积为68856.6hm^2，占全县可利用面积的87.52%。潮土属土壤养分含量在三个土属中属于中等，耕层养分含量(加权平均)有机质为12.72g/kg，全氮为0.87g/kg，碱解氮为79.36mg/kg，速效磷为22.61mg/kg，速效钾为89.76mg/kg。土壤呈石灰反应，pH为8.23，一般都有锈纹、锈斑。潮土属中包括30个土种，按同土体类型分述如下：

(1)砂盖黏型。该类型土壤表层为砂质，供肥快，下层有黏土托肥托水，肥料流失少，比较耐旱，既发小苗，又发老苗，俗称“蒙金地”。属于此类型的土种有紧砂质薄黏心潮土、紧砂质厚黏腰潮土、砂质薄黏心潮土、砂质厚黏心潮土、砂壤质薄壤腰潮土、砂壤质厚壤腰潮土，共2776.27hm^2，占可利用面积的3.35%。砂盖黏型土壤表层质地较轻，属紧砂或砂壤，一般颜色较浅，呈浅黄色或灰白色，有机肥施多时颜色为暗灰色，单粒或粒状结构，一般较松，心或腰部有薄或厚黏土层，红棕色或灰褐色，成块状或片状结构，较紧实，有托肥、托水作用，有锈纹和锈斑，成条状或块状，铁锈色。

砂盖黏型土壤表层为砂质，养分含量不高，适耕期长，耕性良好，表层保肥性差，供肥性好。黏层在下层，保肥保水，耐旱耐涝，地劲平稳，肥力协调，既发小苗又发老苗，对作物适应性广，但有机质含量低，氮磷缺。黏层出现部位较浅的土种，不利于作物根系下伸，易形成“鸡爪”根，大雨或大水灌溉时，易出现渍涝。要注意增施有机肥料，增磷补氮，提高土壤肥力，合理轮作，用养结合提高灌水质量。心部黏层厚的土种，要适当加深耕作层，砂黏掺和，改良土壤质地。黏层薄的土种不宜深翻，以防止打破黏层，漏肥水和返碱。

(2)砂盖壤型。砂盖壤型土壤表层为砂质，下层为壤土，托肥水性稍差。属于此类型的土种有三个，即砂壤质薄壤心潮土、砂壤质薄壤腰潮土、砂壤质厚壤腰潮土，面积为167.47hm^2，占可利用面积的0.21%。砂盖壤型表层质地与砂盖黏型相同，土体结构是心或腰部出现薄或厚壤质土层，质地是轻壤或中壤，呈浅棕色或棕色，团块状结构，有锈纹和锈斑，铁锈色。壤土层的托肥、托水能力不如黏土层好，但有一定的托肥、托水作用，所以群众称为“较耐旱土壤”。

砂盖壤型土壤适耕期长，耕性良好，对作物适应性广，表层保肥性差，供肥性好，壤层保肥水性稍好，供肥性好，地劲平稳，肥力协调，土性温，无障碍层次，既发小苗又发老苗，要增施有机肥料，增磷补氮，提高土壤肥力，合理轮作，培肥地力，合理灌溉，防盐碱化。

(3)黏盖砂型。该类型土壤表面黏土失墒快，性紧，易裂缝成块，所以群众俗称为“透风淤地”。其土种有重壤质厚砂心潮土、重壤质厚砂腰潮土、黏土质厚砂腰潮土，面积为4349.8hm²，占可利用面积的5.54%。耕层质地为重壤或黏土，红棕色或褐色，结构紧实，多块状或团块状，腰部有厚砂层，砂层多浅黄色或灰白色，单粒结构或粒状结构，多为紧砂，有条状锈纹，漏肥、漏水。

黏盖砂型土壤表层质地较黏，养分含量一般较高，适耕期短，耕性差，易失墒，不易拿全苗，对作物有选择性，保肥性不好，供肥性前期缓，不发小苗。心部或腰部有漏砂，易漏肥、漏水，作物后期易脱肥，不耐旱，受害程度因重壤或黏土的厚薄而异，淤层厚受害轻，达60cm以上影响不大。淤层薄的地块，可以加深耕作层。淤层厚的要客砂改良，翻砂掺黏，改变表层耕性。

(4)黏盖壤型。黏盖壤型土壤表层质地重壤或黏土，心部或腰部有薄或厚壤土层，其土种有重壤质薄壤心潮土、重壤质厚壤心潮土、重壤质厚壤腰潮土，面积为1897.2hm²，占可利用面积的2.4%。该类型土壤耕层为重壤土，质地较黏，适耕期短，耕性稍差，构型中心部或腰部有薄或厚的壤土层，一般呈浅棕色或灰褐色，粒状或团状，较深，有铁锈色的条状或块状的锈纹和锈斑，多出现在40～80cm处。

黏盖壤型土壤表层质地为黏，适耕期短，耕性差，对作物有选择性，保水、保肥性强，供肥性差，但土壤养分含量较高，不发小苗。下层壤土保肥水性稍好，后劲足，发老苗。要精耕细作，加深耕作层，注意合理轮作。施肥时前重后轻，或多施底肥，增补磷肥，培肥地力。

(5)壤盖黏型。壤盖黏型十壤是较好的一种土壤，群众称为“粮食囤”，表层为二合土或小红土，心腰有薄黏或厚黏层，次类型土种有八个：轻壤质薄黏心潮土、轻壤质厚黏心潮土、轻壤质薄黏腰潮土、轻壤质厚黏腰潮土、中壤质薄黏心潮土、中壤质厚黏心潮土、中壤质薄黏腰潮土、中壤质厚黏腰潮土，面积为7077.07hm²，占可利用面积的9.12%。次类型土壤表层质地为轻壤或中壤，呈灰棕色或灰褐色，团粒状结构，较松，有植物根系。心部或腰部有薄黏层或厚黏层，呈红棕色或暗红色，块状结构，较紧实，能托肥水，有铁锈色的条状或块状锈纹和锈斑。

壤盖黏型土壤上层壤大都是经过多年耕作发育而成的土壤，熟化性好，下部有黏层托肥水，养分不易流失，土壤养分含量较高，耕性良好，适耕期长，对作物适应性广，土性温，易种、易拿苗。土壤肥力劲稳而匀，水、肥、气、热比较协调，既发小苗又发老苗，要增施有机肥料，增磷补氮，提高土壤肥力，提高浇水质量，切忌大水漫灌，防止土地盐碱化。

(6)壤盖砂型。该类型土壤群众称为“鬼脸地”(假冤地)，表层为二合土，心或腰部有厚砂层，其土种有轻壤质厚砂心潮土、轻壤质厚砂腰潮土、中壤质厚砂心潮土、中壤质厚砂腰潮土，面积为18017.6hm²，占可利用面积的22.29%。壤盖砂型的土壤耕层是轻壤或中壤，灰棕色或灰褐色，团粒状结构，较松。心或腰部有厚砂层，灰白色或浅黄色，单粒状结构，一般较紧，有铁锈色的条状锈纹。

壤盖砂型土壤表层质地较好，为轻壤或中壤，保肥水性比重壤和黏土差，下边有漏土层，易漏肥水，所以土壤养分含量不高。适耕期较长，耕性良好，对作物适应性广，土性温，易拿全苗，发小苗，作物生长后期易脱肥，追肥时要前轻后重，少量多次。切勿大水漫灌，以免返碱。

(7)均质砂型。均质砂型土壤一般不耐旱，群众称为“透砂地”或“火砂岗地”，全剖面为紧砂或砂壤，是全县最大的土种类型，其土种有紧砂均质潮土、砂壤均质潮土两个土种，面积为 24812.8hm^2，占可利用面积的 31.5%。该类型土壤表层多为灰白色或灰黄色，单粒或粒状结构，一般较紧。

纯砂质土壤保肥性差，土壤养分含量一般较低。质地较轻，易耕易种，适耕期长，升温快，降温也快，昼夜温差大，通透性好，下层无保水、保肥层，易漏肥水，不耐旱，有前劲无后劲。要增施有机肥料，改良土壤的理化性状，追肥时少施勤施。

(8)黏均质型。黏均质型全剖面为黏土或重壤土，质地较黏，所以群众称为“淤泥头”，其土种有重壤均质潮土、黏土均质潮土两个土种，面积为 2076.27hm^2，占可利用面积的 2.64%。表层质地为重壤土或黏土，暗棕色或红棕色，块状结构，较紧，下层多为黏土，红棕色，块状，较紧实，有铁锈色的条状或块状锈纹和锈斑。

均质黏土保肥水能力强，土壤养分含量较高，适耕期短，耕性较差，对作物有选择性，不易拿全苗，干时易裂缝，不利于作物幼苗生长。下层黏重紧实，根系不易下扎，但保肥水性好，有后劲。

2. 盐化潮土属。盐化潮土属主要分布在背河槽和河槽洼地与缓岗地之间地带，平坡地河渠两岸也有分布。土壤质地多为砂壤、轻壤或中壤。紧砂、重壤土也发生盐化，但面积很少。盐化潮土的表层养分状况(加权平均)：有机质为 12.91g/kg，全氮为 0.88g/kg，碱解氮为 81.45mg/kg，速效磷为 24.35mg/kg，速效钾为 92.3mg/kg。土壤呈石灰反应，pH 为 8.24。全县盐化地多为花斑盐碱地，发生程度为轻度或中度，盐斑面积较大，重度面积较小。盐化潮土全县面积为 9810.33hm^2，占全县可利用面积的 12.47%。全县有 31 个土种，以轻度砂壤质均质盐化潮土、轻度轻壤质厚砂心盐化潮土、中度轻壤质厚砂心盐化潮土、中度中壤质薄黏心盐化潮土四个土种面积较大，面积为 5984.2hm^2，占盐化潮土的 61.0%。

盐化潮土属主要分布在背河槽和河槽洼地与缓岗地之间地带，平坡地河渠两岸也有分布。

(二)土壤类型分布(表 2-2 和表 2-3)

表 2-2 鄄城县潮土土种面积统计表

省土属代码	土种代号	连续命名	群众名称	土种主要分布区域	地貌类型	耕地面积(hm^2)	占耕地(%)
201	Cb2 $\frac{2}{13}$	紧砂质薄黏心潮土	蒙金飞砂型	旧城	河滩高地	104.67	0.14
201	Cb2 $\frac{2}{16}$	紧砂质厚黏腰潮土	厚蒙金腰飞砂型	旧城	河滩高地	293.07	0.37
201	Cb2 $\frac{2}{19}$	紧砂质潮土	飞砂岗地	旧城	河滩高地	1214.13	1.59

续表

省土属代码	土种代号	连续命名	群众名称	土种主要分布区域	地貌类型	耕地面积（hm^2）	占耕地（%）
201	Cb2 $\frac{3}{7}$	紧砂质潮土	飞砂岗地	旧城	河滩高地	2400.00	3.05
201	Cb2 $\frac{3}{9}$	砂壤质薄壤心潮土	薄蒙银心轻砂土	闫什	缓平坡地	62.80	0.08
201	Cb2 $\frac{3}{10}$	砂壤质薄壤腰潮土	薄蒙银腰轻砂土	郑营	缓岗地	62.80	0.08
201	Cb2 $\frac{3}{13}$	砂壤质厚壤腰潮土	薄蒙银腰轻砂土	左营	河滩高地	41.87	0.05
201	Cb2 $\frac{3}{14}$	砂质薄黏心潮土	薄蒙金心轻砂土	鄄城镇、郑营、彭楼	缓平坡地、缓岗地	565.20	0.74
201	Cb2 $\frac{3}{15}$	砂质厚黏心潮土	厚蒙金心轻砂土	左营	背河槽地	20.93	0.03
201	$\frac{3}{16}$	砂壤质薄壤腰潮土	薄蒙金腰轻砂土	左营、鄄城镇、富春、彭楼、闫什	河滩高地、缓岗、缓平坡	1252.13	1.64
201	Cb2 $\frac{3}{19}$	砂壤质厚壤腰潮土	厚蒙金腰轻砂土	临卜、郑营、鄄城镇、凤凰	缓岗、缓平、河槽地	540.40	0.71
201	Cb2 $\frac{3}{19}$	砂壤均质潮土	纯轻砂土	除大埝、旧城、董口外其余各乡镇	缓岗、缓河滩高地平	20066.00	26.31
202	Cb2 $\frac{4}{2}$	轻壤质厚砂心潮土	心漏水二合土	左营、吉山、董口、鄄城、凤凰、郑营、临卜、什集	缓岗地、缓平坡地	11622.53	15.24
202	Cb2 $\frac{4}{4}$	轻壤质厚砂腰潮土	腰漏水二合土	付春、什集、闫什、红船、左营、郑营、吉山	缓岗地、缓平坡地	2135.20	2.80

续表

省土属代码	土种代号	连续命名	群众名称	土种主要分布区域	地貌类型	耕地面积（hm^2）	占耕地（%）
202	$Cb\frac{4}{13}$	轻壤质薄黏心潮土	薄蒙金心二合土	什集、引马、郑营、红船、左营	河滩高地、缓平坡地	414.80	0.54
202	$Cb2\frac{4}{14}$	轻壤质厚黏心潮土	厚蒙金心二合土	吉山、凤凰	缓平坡地	788.40	1.03
202	$Cb2\frac{4}{15}$	轻壤质薄黏腰潮土	薄蒙金腰二合土	鄄城镇、什集	缓平坡地	557.47	0.73
202	$Cb2\frac{4}{16}$	轻壤质厚黏腰潮土	厚蒙金腰二合土	鄄城镇	浅平洼、缓平坡地	104.67	0.14
202	$Cb2\frac{5}{2}$	中壤质厚砂心潮土	心漏水小红土	吉山、凤凰、董口、左营、大埝、临卜、闫什	河滩洼地、缓平坡地	2742.27	3.60
202	$Cb2\frac{5}{4}$	中壤质厚砂腰潮土	腰漏水小红土	左营、吉山、凤凰、郑营	缓平坡地	1514.93	1.99
202	$Cb2\frac{5}{13}$	中壤质薄黏心潮土	薄蒙金心小红土	吉山、凤凰、鄄城镇、红船	浅平洼地、缓平坡地	2553.87	3.35
202	$Cb\frac{5}{14}$	中壤质厚黏心潮土	厚蒙金心小红土	左营、吉山、郑营、凤凰、引马	浅平洼地、河滩洼地	1716.40	2.25
202	$Cb2\frac{5}{15}$	中壤质薄黏腰潮土	薄蒙金腰小红土	吉山	缓平坡地	599.33	0.79
202	$Cb2\frac{5}{16}$	中壤质厚黏腰潮土	薄蒙金腰小红土	大埝、引马	浅平洼地	376.93	0.49
203	$Cb2\frac{6}{2}$	重壤质厚砂心潮土	心漏水面淤土	左营、董口、大埝	浅平洼、河滩洼地	3037.13	2.17
203	$Cb2\frac{6}{4}$	重壤质厚砂腰潮土	腰漏水面淤土	左营、董口、郑营	河滩洼地	502.4	0.66
203	$Cb2\frac{6}{7}$	重壤质薄壤心潮土	薄壤心面淤土	吉山	浅平洼地	439.60	0.58

续表

省土属代码	土种代号	连续命名	群众名称	土种主要分布区域	地貌类型	耕地面积（hm^2）	占耕地（%）
203	$Cb2\frac{6}{8}$	重壤质厚壤心潮土	厚壤心面淤土	左营、大埝、鄄城镇、临卜	河滩洼地	1248.27	1.64
203	$Cb2\frac{6}{10}$	重壤质厚壤腰潮土	厚壤腰面淤土	临卜	河滩高地	209.33	0.28
203	$Cb2\frac{6}{19}$	重壤均质潮土	纯面淤土	左营、大埝	河滩洼地	837.33	1.02
204	$Cb2\frac{7}{4}$	黏土质厚砂腰潮土	腰漏水牛头淤土	旧城河滩	河滩高地	230.27	0.30
204	$Cb2\frac{7}{19}$	黏土均质潮土	纯牛头淤土	旧城、左营	河滩洼地	1238.93	1.62
201	$Cb2'\frac{3}{8}$	砂壤质厚壤心淤灌潮土	厚蒙银心淤灌轻砂土	旧城	缓平坡地	41.87	0.05
202	$Cb2'\frac{3}{13}$	砂壤质薄黏心淤灌潮土	薄蒙金心淤灌轻砂土	董口	缓平坡地	628.00	0.82
202	$Cb2'\frac{3}{14}$	砂壤质厚黏心淤灌潮土	厚蒙金心淤灌轻砂土	临卜	缓平坡地	104.67	0.14
204	$Cb2'\frac{3}{19}$	砂壤质均质淤灌潮土	淤灌纯轻砂土	旧城、临卜	缓平坡地	132.67	0.96
202	$Cb2'\frac{4}{2}$	轻壤质厚砂心淤灌潮土	心漏水淤灌二合土	旧城、董口、临卜	缓平坡地	147.6	0.16
202	$Cb2'\frac{4}{13}$	轻壤质厚砂腰淤灌潮土	腰漏水淤灌二合土	旧城	缓平坡地	334.93	0.44
202	$Cb2'\frac{4}{14}$	轻壤质薄黏心淤灌潮土	薄蒙金心淤灌二合土	付春、什集、旧城	缓平坡地	815.60	1.07
202	$Cb2'\frac{4}{14}$	轻壤质厚黏心淤灌潮土	厚蒙金心淤灌二合土	临卜	缓平坡地	147.33	0.19
202	$Cb2'\frac{4}{2 \cdot 15}$	轻壤质厚砂心薄黏腰淤灌潮土	包馅淤灌二合土	旧城	缓平坡地	104.67	0.14

续表

省土属代码	土种代码	连续命名	群众名称	土种主要分布区域	地貌类型	耕地面积（hm^2）	占耕地（%）
201	$Cb2'\frac{5}{2}$	中壤质厚砂心淤灌潮土	心漏水淤灌小红土	旧城、大埝、董口、什集、付春	缓平坡地	1863.07	2.44
202	$Cb2'\frac{5}{13}$	中壤质薄黏心淤灌潮土	薄蒙金心淤灌小红土	临卜	缓平坡地	83.73	0.10
202	$Cb2'\frac{5}{16}$	中壤质薄黏腰淤灌潮土	薄蒙金腰淤灌小红土	董口	缓平坡地	230.27	0.30
202	$Cb2'\frac{5}{2\cdot 15}$	中壤质厚砂心薄黏腰淤灌潮土	包馅淤灌小红土	旧城	缓平坡地	83.73	0.10
203	$Cb2'\frac{6}{2}$	重壤质厚砂心淤灌潮土	心漏水淤灌面淤土	董口、临卜、什集	缓平坡地	1653.73	2.17
203	$Cb2'\frac{6}{7}$	重壤质薄壤心淤灌潮土	薄壤心淤灌面淤土	董口	缓平坡地	251.2	0.33
203	$Cb2'\frac{6}{8}$	重壤质厚壤心淤灌潮土	厚壤心淤灌面淤土	旧城、临卜	缓平坡地	253.33	0.66
204	$Cb2'\frac{7}{2}$	黏土质厚砂心淤灌潮土	漏水牛头淤淤灌淤土	旧城、付春、左营	缓平坡地	1021.73	1.34
204	$Cb2'\frac{7}{7}$	黏土质薄壤心淤灌潮土	薄壤心牛头淤淤灌土	旧城	缓平坡地	167.47	0.21
201	$Cb2'\frac{7}{19}$	黏土质均质淤灌潮土	纯牛头淤淤灌淤土	旧城	缓平坡地	20.93	0.03

表 2-3　　鄄城县盐化潮土土种面积统计表

省土属代码	土种代码	连续命名	群众名称	土种主要分布区域	地貌类型	耕地面积（hm^2）	占耕地（%）
231	$Cc5\ \frac{3(一)}{8}$	轻度砂壤质厚壤心盐化潮土	轻盐化厚蒙银心轻砂土	左营	缓平坡地	83.73	0.12
231	$Cc5\ \frac{3(一)}{9}$	轻度砂壤质薄壤腰盐化潮土	轻盐化薄蒙银腰轻砂土	左营	缓平坡地	60.80	0.08

续表

省土属代码	土种代号	连续命名	群众名称	土种主要分布区域	地貌类型	耕地面积（hm^2）	占耕地（%）
231	Cc5 $\frac{3(一)}{13}$	轻度砂壤质薄黏心盐化潮土	轻盐化厚蒙金腰轻砂土	旧城、红船	背河槽缓平坡地	167.47	0.21
231	Cc5 $\frac{3(一)}{16}$	轻度砂壤质厚黏腰盐化潮土	轻盐化厚蒙心腰轻砂土	付春	缓平坡地	41.87	0.05
231	Cc5 $\frac{3(一)}{17}$	轻度砂壤质薄黏底盐化潮土	轻盐化厚蒙金底轻砂土	旧城	缓平坡地	15.00	0.03
231	Cc5 $\frac{3(一)}{19}$	轻度砂壤质均质盐化潮土	轻盐化纯轻砂土	旧城、左营、付春、临卜、彭楼、闫什	背河槽、河槽洼、缓平坡地	2380.87	3.12
231	Cc5 $\frac{3(一)}{15}$	轻度砂壤质薄黏腰盐化潮土	轻盐化薄蒙金腰轻砂土	鄄城镇	缓平坡地	104.67	0.14
231	Cc5 $\frac{3(一)}{15}$	轻度砂壤质厚壤腰盐化潮土	轻盐化厚蒙银腰轻砂土	闫什	缓平坡、背河槽	104.00	0.14
231	Cc5 $\frac{3(二)}{13}$	中度砂壤质薄黏心盐化潮土	中盐化厚蒙金心轻砂土	董口、左营	背河槽地	293.07	0.37
231	Cc5 $\frac{3(二)}{19}$	中度砂壤质均质盐化潮土	中盐化纯轻砂土	旧城	背河槽地	166.80	0.21
231	Cc5 $\frac{3(三)}{15}$	重度砂壤质薄黏腰盐化潮土	重盐化厚蒙金腰轻砂土	郑营	浅平洼地	20.93	0.03
231	Cc5 $\frac{4(一)}{2}$	轻度轻壤质厚砂心盐化潮土	轻盐化心漏水二合土	引马、郑营、临卜、付春、红船、鄄城、闫什	河槽缓平坡地	2260.93	2.96
231	Cc5 $\frac{4(一)}{4}$	轻度轻壤质厚砂腰盐化潮土	轻盐化腰漏水二合土	郑营	缓平坡地	125.60	0.16
231	Cc5 $\frac{4(一)}{15}$	轻度轻壤质薄黏腰盐化潮土	轻盐化薄蒙金腰二合土	引马、红船	浅平洼、缓平坡地	544.27	0.71

续表

省土属代码	土种代号	连续命名	群众名称	土种主要分布区域	地貌类型	耕地面积（hm^2）	占耕地（%）
231	Cc5 $\frac{4(一)}{14}$	轻度轻壤质厚黏心盐化潮土	轻盐化厚蒙金腰二合土	闫什	缓平坡地	83.73	0.14
231	Cc5 $\frac{4(一)}{2 \cdot 15}$	轻度轻壤质厚沙心薄黏腰盐化潮土	轻盐化包馅二合土	鄄城镇、董口、旧城	背河槽缓平坡地	439.60	0.58
231	Cc5 $\frac{4(二)}{2}$	中度轻壤质厚砂心盐化潮土	中盐化心漏水二合土	鄄城镇、大埝、左营	缓平坡地	819.07	1.09
231	Cc5 $\frac{4(二)}{4}$	中度轻壤质厚砂腰盐化潮土	中盐化腰漏水二合土	什集、闫什、左营	缓平坡地	167.47	0.21
231	Cc5 $\frac{4(二)}{13}$	中度轻壤质薄黏心盐化潮土	中盐化薄金心二合土	临卜、红船	缓平坡地	230.27	0.30
231	Cc5 $\frac{4(二)}{15}$	中度轻壤质薄黏腰盐化潮土	中盐化薄蒙金腰二合土	闫什	缓平坡地	167.47	0.21
231	Cc5 $\frac{4(二)}{19}$	中度轻壤质均质盐化潮土	中盐化二合土	吉山	缓平坡地	41.87	0.05
231	Cc5 $\frac{4(三)}{2}$	重度轻壤质厚砂心盐化潮土	重盐化心漏水二合土	董口	缓平坡地	83.73	0.11
231	Cc5 $\frac{4(三)}{2}$	重度轻壤质薄黏底盐化潮土	重盐化薄蒙金底二合土	鄄城镇、凤凰	河槽洼地	83.73	0.12
231	Cc5 $\frac{5(一)}{2}$	轻度中壤质厚砂心盐化潮土	轻盐化心漏水二合土	鄄城镇、凤凰、什集	缓平坡地	293.07	0.37

续表

省土属代码	土种代号	连续命名	群众名称	土种主要分布区域	地貌类型	耕地面积（hm^2）	占耕地（%）
231	Cc5 $\frac{5(一)}{4}$	轻度中壤质薄黏腰盐化潮土	轻盐化腰漏水二合土	旧城、董口、临卜	缓平坡地	103.33	0.14
231	Cc5 $\frac{5(一)}{13}$	轻度中壤质薄黏心盐潮土	轻盐化薄蒙金心二合土	董口、凤凰	北河槽、缓平坡地	146.53	0.19
231	Cc5 $\frac{5(一)}{14}$	轻度中壤质厚黏心盐化潮土	轻盐化厚蒙金心二合土	大埝、吉山	缓平坡地	125.60	0.16
231	Cc5 $\frac{5(一)}{15}$	轻度中壤质薄黏腰盐化潮土	轻盐化薄蒙金心二合土	鄄城镇	缓平坡地	62.80	0.09
231	Cc5 $\frac{5(二)}{13}$	中度中壤质薄黏心盐化潮土	中盐化薄蒙金心二合土	红船、闫什、鄄城镇、什集	缓平坡地	523.33	0.66
231	Cc5 $\frac{6(一)}{8}$	轻度重壤质厚壤心盐化潮土	轻盐化厚蒙银心面淤土	临卜	缓平坡地	62.80	0.09

第二节 土地利用状况

根据鄄城县国土局资料，鄄城县土地总面积为 103767.01hm^2，全县总耕地面积为 64234.41hm^2，占土地总面积的 61.9%。耕地类构成以水浇地为主，面积为 64227.99hm^2，占总耕地面积的 99.99%，旱地面积为 7.22hm^2，占总耕地面积的 0.01%，旱地主要分布在彭楼及凤凰两个乡镇。

园地面积为 2249.07hm^2，占总土地面积的 2.17%。果园面积为 2222.58hm^2，占园地面积的 98.82%；其他园地面积为 26.49hm^2，占园地面积的 1.18%。

林地面积为 7535.00hm^2，占总土地面积的 7.26%。其中有林地面积为 6456.15hm^2，占林地面积的 85.68%；其他林地面积为 1078.85hm^2，占林地面积的 14.32%。

城镇村及工矿用地面积为 13300.00hm^2，占土地总面积的 12.82%。其中建制镇为

2022.60hm²,占城镇及工矿用地面积的15.21%;村庄为10930.56hm²,占城镇及工矿用地面积的82.18%;独立工矿用地面积为346.81hm²,占城镇及工矿用地面积的2.61%;风景名胜用地面积为59.12hm²,占城镇及工矿用地面积的0.44%。

交通运输用地面积为1031.73hm²,占土地总面积的0.99%。

水域设施用地面积为8548.96hm²,占土地总面积的8.24%。

其他用地面积为439.14hm²,占土地总面积的0.42%。

第三节 耕地利用与管理

一、耕地利用现状

鄄城县总耕地面积为64234.41hm²,耕地地类构成以水浇地为主,面积为64227.99hm²,占总耕地面积的99.99%;旱地面积为7.22hm²,占总耕地面积的0.01%(表2-4)。

表2-4 鄄城县耕地三级分类面积统计表

项目单位	总耕地面积(hm²)	水浇地面积(hm²)	占耕地(%)	旱地面积(hm²)	占耕地(%)
合 计	64234.41	64227.99	99.99	7.22	0.01
鄄城镇	3631.62	3631.62	100.00	0	0
红船镇	3832.14	3832.14	100.00	0	0
什集镇	5552.02	5552.02	100.00	0	0
旧城镇	6039.18	6039.18	100.00	0	0
李进士堂镇	2631.02	2631.02	100.00	0	0
吉山镇	4818.99	4818.99	100.00	0	0
董口镇	6263.64	6263.64	100.00	0	0
临卜镇	3818.60	3818.60	100.00	0	0
彭楼镇	4652.91	4649.58	99.93	3.33	0.07
闫什镇	4488.26	4488.26	100.00	0	0
左营乡	5043.05	5043.05	100.00	0	0
大埝乡	2968.07	2968.07	100.00	0	0
富春乡	3098.64	3098.64	100.00	0	0
凤凰乡	3091.04	3087.15	99.87	3.89	0.13
郑营乡	4242.52	4242.52	100.00	0	0
引马乡	3148.34	3148.34	100.00	0	0

鄄城县水土资源优越，适宜多种作物生长，农业生产潜力大。种植作物以小麦、玉米、棉花、花生、蔬菜为主，种植制度以一年两熟为主，典型的种植制度是小麦—玉米。近几年来，由于国家加大了对三农的政策扶持力度和资金投入，提高了农民的生产积极性，使耕地利用情况日趋合理。主要表现在以下几个方面：一是耕地产出率高。根据2009年统计，全县粮食总产达到51.95万吨，良种复盖率达100%，出现了小麦单产716.97kg/667m^2，玉米单产914.1kg/667m^2的高产典型，创造了菏泽市粮食单产最高纪录。棉花总产为2646吨。蔬菜总产为44万吨，产值达到了4.2亿元。二是耕地利用率高。随着新科技、新品种的不断推广，间作套种等耕作方式的合理利用，蔬菜大棚生产的快速发展，耕地复种指数不断提高。2008年，农作物总播种面积为127675hm^2，复种指数为199%。三是产业结构日趋合理。全县特色农产品生产基地初具规模，形成了以舜王城为中心的彭楼、闫什两乡镇4000hm^2中药材种植基地、2000hm^2甜叶菊种植基地、14000hm^2瓜菜生产基地、800hm^2花卉苗木、8000hm^2棉花等种植业商品基地。粮经作物面积比例达到7.2∶2.8。四是基础设施进一步完善。至2008年底，全县机井保有量为7808眼，实现有效灌溉面积为50950hm^2，其中井灌面积为28930hm^2，黄灌面积为22020hm^2，旱涝保收面积达28620hm^2，不能浇水区为7.22hm^2，占总耕地面积的0.01%。全县农业生态体系初步建立，形成了“五纵五横加一环”的交通格局，道路两旁设置绿化带，有效地改善了农业生态环境。

二、耕地保养

“十分珍惜、合理利用土地和切实保护耕地”是基本国策，在确保不踏耕地红线的前提下，必须确保耕地质量的不断提高，合理利用耕地，不断提高耕地的产出率。鄄城县地势平坦，土层深厚，光热充足，降水较多，有利于农业生产的发展，加之耕种历史悠久，人口密集，土地利用率较高，农、林、水措施对土壤的改良起着重要的影响。新中国成立后，全县先后对土地进行了几次大规模的整治，其中20世纪50年代进行深翻改土和排涝工程的建设；60年代大挖台田，即排涝又能压砂盖淤改良土壤；70年代大搞了平整土地，桐粮间作，使土地畦田化，扩大了水浇面积；80年代大力增施肥料（特别是氮、磷肥），提高复种指数，使土地利用率大大提高。这些人为的改土措施对农业生产起了很大的促进作用，同时也不同程度地改善了土壤的肥力状况，使盐碱地面积逐年减少，危害程度减轻，受涝灾的威胁逐年减小，水浇面积逐年增加。

党的十一届三中全会以后，特别是家庭联产承包责任制的实施，使农民的种地积极性空前高涨，对土地的投入成倍增加，产量也大幅度提高，有力地促进了农业的全面发展。但随着经济的迅速发展，大量农民进城务工，转向二、三产业，加上长期以来种粮比较效益偏低、种粮农民增收困难、农业生产资料价格上涨等因素，导致农业生产基础投入不断下降，农田道路、桥涵、井渠等农业基础设施年久失修。同时，由于农民不科学的施肥习惯—大量施用化肥，重氮轻磷，轻施有机肥，导致土壤N、P、K及微量元素比例失调，造成了肥料资源浪费和农业面源污染，制约了农业综合生产能力的提高，使得优良品种的增产和增质潜力很难发挥，一度成为制约现代农业发展的“瓶颈”。

近年来，国家对农业的经济投入不断加大，相继开展了国家生态环境建设、商品粮基地建设、农业综合开发、旱作农业示范区建设、测土配方施肥工程。尤其是党的十七届三中全会对保护粮食安全、巩固农业基础地位等方面重新制定了更加有力的政策措施，加大了农业基础设施建设，加强粮种繁育、中低产田改造、农业科技服务与推广，对农业持续快速发展起到了强有力的支撑作用。

1981 年，鄄城县开展了土壤普查工作，系统地划分了土壤类型，详细地分析了各种土壤类型的形成原因、存在问题及改良利用方向，认真总结分析了当时高中产田土壤条件，确定了土壤培肥措施和目标，为其后的配方施肥、土壤改良提供了依据，推动了磷肥的广泛施用，实现了农产品产量的飞跃。

土壤普查以后，鄄城县一直致力于普查成果的应用及新技术新成果的推广。相继完成了《小麦配方施肥试验研究》、《玉米配方施肥试验研究》、《小麦秸秆直接还田试验研究》等相关课题。1988～1991 年推广实施了平衡施肥和优化配方施肥技术，完成了有机肥资源调查及养分化验工作，为农业的快速发展作出了积极贡献。

2006 年，鄄城县成为国家级测土配方施肥项目县。通过项目的实施，彻底改变了群众的传统施肥观念，农民用肥更加趋于合理，项目成效显著，使耕地质量建设步入良性发展的轨道。

三、耕地障碍因素

土壤的障碍因素是指土壤中含有某些不利于作物生长发育的因素或缺乏某种营养元素，归纳起来鄄城县耕地主要存在五个方面的问题。

（一）土壤养分含量低

土壤瘠簿，养分含量低，是影响鄄城农业生产的重要因素。根据化验统计分析，全县土壤有机质含量属中等偏低水平，耕层土壤有机质平均含量为 12.70g/kg，变幅为 4.82～19.93g/kg，有机质含量高于 12g/kg 的面积占全县耕地面积的 71.29%，含量低于 12g/kg 的面积占全县耕地面积的 28.72%。全县土壤碱解氮平均含量为 79.29mg/kg，变幅为 29 ～127mg/kg，总体为偏低水平，含量最高处于三级。土壤有效磷平均含量为 22.56mg/kg，变幅为 8.10～35mg/kg，属偏低水平，均在五级以下。土壤速效钾含量为 89.80mg/kg，变幅为 32～198mg/kg，属偏低水平，含量最高处于四级，占耕地比例仅为 4.72%，应大力提倡补施钾肥。全县土壤不同程度地缺乏微量元素。

（二）土壤养分不协调

一是有机肥施用量偏少，在有机肥的施用方法上有 38% 的农户直接施用新鲜或半腐熟的有机肥；二是过量施肥，大量的化肥投入，导致土壤盐渍化、作物抗逆性差、病害加重、农产品质量下降；三是肥料配比不合理，据统计粮田年平均施用化肥实物量为 2161.47kg/hm^2，折合纯 N 446.83kg/hm^2，P_2O_5 245.38kg/hm^2，K_2O 26.80kg/hm^2，N∶P_2O_5∶K_2O=1∶0.55∶0.06。蔬菜田年平均施用化肥实物量为 5928.51kg/hm^2，折合纯 N 860.35kg/hm^2，P_2O_5 671.07kg/hm^2，K_2O 421.57kg/hm^2，N∶P_2O_5∶K_2O=1∶0.78∶0.49，与作物需要量相比明显不平衡，导致土壤结构变差、土壤养分供应不平衡，肥料利用率低，施肥效益差，应大力推广配方施肥技术。

（三）土壤偏砂或偏黏

据统计，全县土壤质地偏砂的砂壤土面积有1716.5hm²，占总耕地面积的2.25%，典型的剖面类型是均质砂壤，该类土壤1m以内土体为砂壤土，土壤剖面多呈灰褐色，结构差或无结构，中下部有锈纹和锈斑，潜水埋深较浅，土壤肥力差，保肥能力低，不耐旱。全县耕层土壤质地偏黏的重壤土有2679.0hm²，占总耕地面积的3.51%，典型的剖面结构是均质重壤土，1m内土体为重壤土、黏土，此类土壤质地黏重，耕性差，淤性大，不耐涝，通透性差。应增施有机肥，实施秸秆还田，不断优化土体结构。

（四）土壤盐碱化与次生盐渍化

盐碱危害是20世纪50～70年代影响全县农业生产的主要障碍因素之一。到1981年土壤普查时，全县有盐碱地9774.3hm²，占总耕地面积的14.52%，其中轻度盐碱有19个土壤类型，面积为7176.6hm²，占总耕地面积的10.66%；中度盐碱有8个土壤类型，面积为2409.3hm²，占总耕地面积的3.58%；重度盐碱有3个土壤类型，面积为188.4hm²，占总耕地面积的0.28%。二十多年来，通过完善土地整治、田间排灌等农田基本建设，秸秆还田、施用有机肥、测土配方施肥等项目配套保障措施，使全县盐碱地得到了有效改良。近几年来，由于不合理的灌溉，如大水漫灌、有灌无排，致使潜水位抬高，个别地块出现返盐和盐渍化现象。土壤次生盐渍化与地形、水文条件密切相关，在地势较高，排水较好的地方，土壤不易盐碱化，而低洼地区，如洼地的边缘，或缓平坡地的中下端，潜水埋深较浅，排水不畅，盐分向地表聚积，极易盐碱化。表现为"大中洼"的盐碱分布规律，即较大范围内，比较洼的地方易泛盐碱；在小范围低洼地形内，盐碱又具有往高处爬的特点，因而分布在较高处，表现为"洼中高"的分布规律。在潜水位较高时，土壤含水量超过田间持水量时，水质较差（矿化度在2～3g/L），蒸发量大于降水量时，易产生次生盐渍化。在潜水位较高情况下，长期灌水的蔬菜地，大水漫灌时，易产生次生盐渍化。再者，长期大量施用化肥，导致土壤盐分积累过多，也易产生次生盐渍化。因此，应当通过完善排水设施，疏通沟渠，使之排水畅通，降低潜水位，使地表盐分下淋，并随水冲洗走。同时应注意克服大水漫灌现象，做到合理用水。

（五）坚硬犁底层

随着农业生产的发展，一些小型的农业机具增多，一般耕作深度在14～18cm，这样长期耕作，势必造成坚硬犁底层出现。坚硬犁底层的容重增大，孔隙度减小。耕层以下的土壤通透性则较差，土壤结构坚实，物理性状差，土壤的蓄水、保水能力差。

四、耕地施肥状况及存在问题

（一）有机肥施用状况及存在问题

全县有机肥施用主要存在两个方面的问题：一是有机肥投入不足；二是有机肥施用方法不合理。

1. 有机肥投入不足。全县农家肥总量为92.17万吨，其中堆肥为16.90万吨，厩肥为47.46万吨，土杂肥为31.77万吨，用量为6801kg/hm²，畜禽粪便总量为8.01万吨，传统堆沤处理粪便为6.84万吨，占总量的85.39%，工厂化处理只有0.87万吨，占总量10.86%，沼气化处理为0.3万吨，占总量的3.75%。全县共有耕地64234.41hm²，复种指数为199%,每公顷耕地有机肥平均施用量只有7.2吨。

秸秆利用情况:小麦机收率达98%以上,秸秆大部分直接还田,但每年偶有秸秆焚烧现象的发生,玉米秸秆直接还田的占95%以上。杂粮及其他作物秸秆90%左右做燃料。

最近几年,随着政府农业项目的实施和农业生产的发展,商品有机肥在全县开始示范、引进和推广,在现代农业生产中开始发挥作用,已有越来越多的农民开始认识、施用商品有机肥。

以不同作物有机肥施用量比较来看,蔬菜田平均施有机肥为17053kg/hm²,粮田平均施有机肥为1536kg/hm²,二者相差约10倍。

2. 有机肥施用方法不合理。据调查,有30%的农户直接施用新鲜有机肥,或施用沤制不彻底的半腐熟的有机肥,导致病、虫、杂草传播危害,增加了防治成本,影响了作物产量和品质。

(二)氮、磷、钾肥施用状况及存在问题

据统计,全县2009年化肥施用实物量为131526吨(折纯量为39104吨),其中氮肥为59107吨(折纯量为20787吨),磷肥为36151吨(折纯量为6160吨),钾肥9709吨(折纯量为2810吨),复合肥为26568.7吨(折纯量为9547.6吨),年平均为195.37kg/hm²(折纯量为58.39kg)。粮田年平均施化肥实物量为2161.47kg/hm²,折纯N为446.83kg/hm²,P_2O_5为245.38kg/hm²,K_2O为26.80kg/hm²。蔬菜田年平均亩施用化肥实物量为5928.51kg/hm²,折纯N为860.35kg/hm²,P_2O_5为671.07kg/hm²,K_2O为421.57kg/hm²。

通过测土配方施肥项目的开展,全县群众的施肥观念开始改变,群众对测土配方施肥的认识水平不断提高,施肥更加科学合理,肥料品种由过去的单质肥料,如碳酸氢铵、尿素、过磷酸钙、氯化钾、硫酸钾等,逐渐向复合肥特别是配方肥过渡,如小麦底肥配方为:16-18-6,蔬菜底肥配方为:18-12-15,玉米追肥配方为:25-6-9,棉花追肥配方为:26-6-8。但盲目施肥的现象仍有存在:一是过量施肥,不问地力状况,盲目增加施肥量。由于化肥的过量施用,加上有机肥投入不足,连年重茬,土壤中盐分积累越来越多,造成土壤次生盐渍化,土壤理化性状变差,土壤板结,作物病害逐年加重,产量难以提高,品质变差。二是肥料配比不合理。据调查全县蔬菜田氮、磷、钾的施用比例是1∶0.78∶0.49,而蔬菜吸收氮磷钾的比例是1∶0.34∶1.23,由于养分不协调,不仅不能提高作物产量和品质,反而增加了成本,破坏了土壤结构。

(三)微肥施用现状及存在问题

微量元素同大量元素一样,对作物的生长发育有同等重要的作用。根据化验分析,全县土壤普遍缺锰,大部分缺硼、铁,部分地块缺锌、铜,施用微肥有明显的增产效果。在微肥施用上,推荐小麦施锰、锌,玉米施锌,棉花施硼,蔬菜施硼、钼,蔬菜田微肥施用面积占50%以上,粮田施用微肥面积占28%以上。存在问题:一是个别农户忽视微肥的施用;二是市场上假冒伪劣微肥泛滥,有90%以上的硫酸锌或硼砂被硫酸镁冒充。

五、历史化肥用量及粮食产量变化趋势

鄄城县化肥施用起步较晚,改革开放以前施用量很小,如1974年全县施用化肥仅为

2581 吨(折纯),开革开放以后,随着农民群众种田积极性的提高,农民开始依靠化肥增加产量,化肥用量逐渐加大。随着作物产量的不断提高,施肥结构逐渐变化,刚开始以氮肥为主,磷、钾肥量逐年增加。1985 年,N∶P∶K=1∶0.11∶2.0。1990 年,N∶P∶K=1∶0.231∶0.002。到了 2009 年,N∶P∶K=1∶0.296∶0.13。粮食产量变化:总产在 1949～1982 年变化平稳,产量低,不能解决温饱问题。改革开放后总产逐年增加,1990 年的产量与 1985 年相比有了大幅度的提高,2005 年以后产量提高的幅度更加明显,单产变化趋势明显,不同年份间有所起伏,但总趋势是逐年增加(表 2-5 和图 2-1、图 2-2、图 2-3、图 2-4)。

表 2-5　　　　鄄城县 1980～2009 年化肥及粮食产量统计表

年份	化肥施用量(吨)									粮食总产量(吨)	小麦	玉米		
	实物量	氮肥	磷肥	钾肥	折纯量	氮肥	磷肥	钾肥	N∶P_2O_5∶K_2O		总产(吨)	单产(kg/hm²)	总产(吨)	单产(kg/hm²)
1980	19835	14320			5554	4009				48110	30830	1725	10025	2240
1985	46708	35158	39370		13545	7098	795		1∶0.112∶0	50202	32260	1800	12314	3711
1990	95022	68935	19455	87	24942	17459	4032	37	1∶0.231∶0.002	310338	191940	4200	108320	5531
1995	94177	54058	28678	3810	22002	13041	4264	744	1∶0.327∶0.058	382137	236423	5172	119412	5669
2000	118007	56347	36891	7814	35939	17257	8019	3526	1∶0.465∶0.207	377088	220801	5094	118580	6338
2005	125671	58568	37295	9218	39417	19989	6520	3928	1∶0.326∶0.198	403565	274717	4650	114832	5955
2009	131526	59107	36151	9709	39104	20787	6160	2810	1∶0.296∶0.136	462963	317585	5436	119907	6642

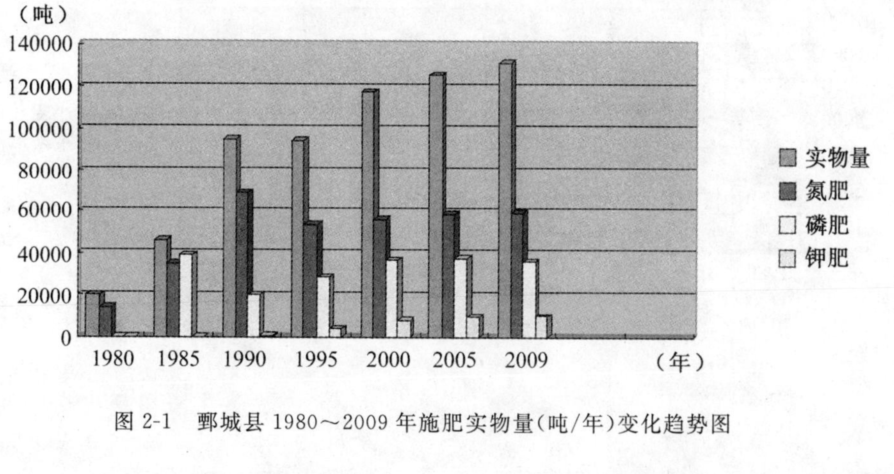

图 2-1　鄄城县 1980～2009 年施肥实物量(吨/年)变化趋势图

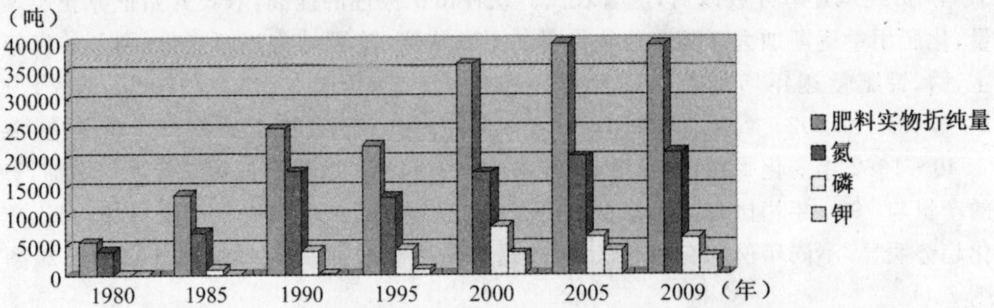

图 2-2 鄄城县 1980～2009 年肥料实物(吨/年)折纯量

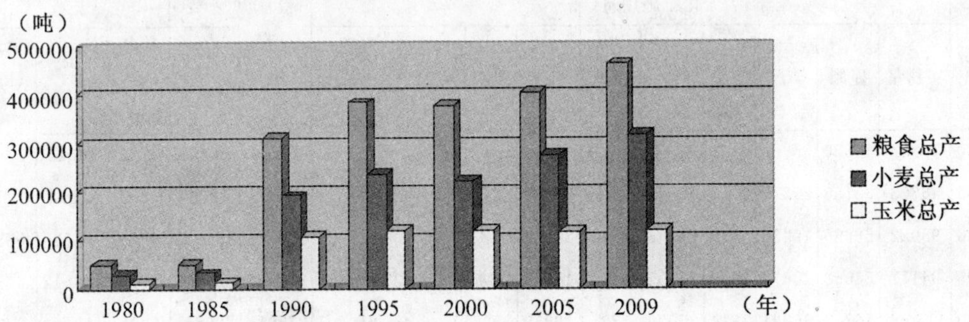

图 2-3 鄄城县 1980～2009 年小麦玉米总产(吨/年)变化趋势图

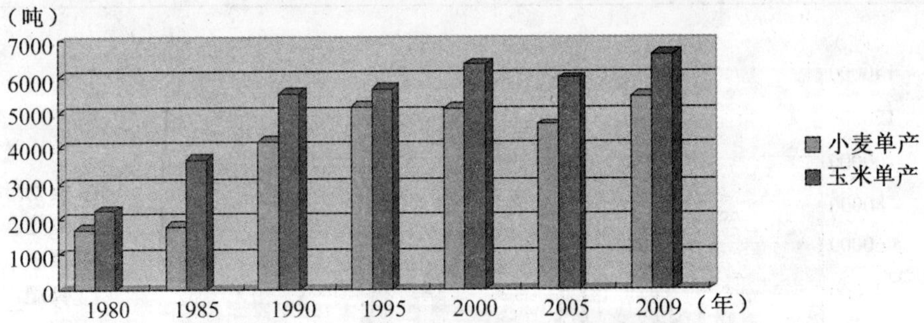

图 2-4 鄄城县 1980～2009 年小麦、玉米单产(kg/hm²)变化趋势图

第三章 耕地地力评价样品的采集与分析

第一节 土壤样品的布点与采集

土壤样品采集是搞好耕地地力评价的基础工作，采集有代表性的样品，是使测定结果能如实反映客观实际的先决条件。

一、土壤样品布点

(一)布点原则

一是计划采样数量、规划布点密度；二是考虑地形、地貌、土壤类型、肥力高低、作物种类等，保证采样点具有典型性和代表性，同时兼顾空间分布的均匀性；三是蔬菜地考虑设施类型、蔬菜种类、种植年限等，果园考虑树龄、长势等，同时考虑不同时期(秋季)采样点数的分配。

(二)布设点位图

利用鄄城县土地利用现状图综合分析土壤图、行政区划图、水利分区图、土壤普查及历次养分调查、农业生产资料统计年报、历年各乡镇化肥施用量等资料，在土壤利用现状图上进行布点(2006 年)4000 个，同时各乡镇分别布设了点位图。

二、土壤样品采集

土样是多个采集点的混合样品。一个混合土样应在采样单元相对中心位置的典型地块采集，即有代表性的一个农户的一个地块中采集，采样地块面积在 667～6667m^2。采集密度按照粮田每 10hm^2 取一个土样，菜田每 5.3hm^2 取一个土样，黄河滩区每 13.3hm^2 取一个土样，塑料大棚里采样均在同一个棚内采集。大田土样采集深度为 0～20cm，蔬菜为 0～25cm，果园为 0～40cm。在已确定的田块中心，用 GPS 定位，向四周辐射采集多个分样点，每个混合土壤样取 10～15 个点，每个分样点的采土部位、深度、数量一致。采样工具用不锈钢土钻，采样时避开沟渠、林带、田埂、路旁、微地形高低不平地段。根据采样地块的形状和大小，确定适当的采样方法，长方形地块用“S”法，近似正方形的地块采用棋盘形采样法，采集的各样点土壤均用手掰碎，挑出根系、秸秆、石块、虫体等杂物，充分混匀后，四分法留取 1.5kg 装入样品袋。用铅笔填写两张标签，土袋内外各有一张。标签主要内容为：野外编号(要与图上及调查表编号相一致)、采样地点、采样深度、采样时间、采样人等。

蔬菜地混合样点按照沟、垄面积比例确定沟、垄取土点位的数量。果园一般在树冠范围内由树干以外的2/3处采集，选择8～10棵，每棵树对角采2点。

测定土壤容重等物理性状，直接用环刀在各土层中采取。每个样品采集3个环刀样。大田在7～12cm采集，蔬菜地容重样品的采集选择栽培蔬菜的部位，第一层在10～15cm采集，第二层在35～40cm采集。采取土壤结构性的样品，需注意土壤湿度，不宜过干或过湿，应在不粘铲、经接触不变形时分层采取。在取样过程中保持土块不受挤压、不变形，尽量保持土壤的原状，如有受挤压变形的部分要弃去。

为确保取土质量，成立了由分管局长为组长、技术骨干为成员的21人田间取土队伍，落实车辆5部，分5组分赴各乡镇现场取样。农业局分别与小组组长签订了责任状，同时成立了3人的取土技术监督组，每天巡回检查、督促指导，第二天根据上一天交回的采样档案，随机抽查10～15个，实地查看验收，发现问题及时纠正解决。每隔一天，小组组长召开碰头会，分析存在的问题，以提高取土质量、加快进度，确保用最短的时间完成取样调查工作。

在土样采集过程中，认真填写了"测土配方施肥采样地块基本情况调查表"和"农户施肥情况调查表"两张表格，表格涉及采样地块地理条件、农户施肥管理、产量水平等众多地力评价指标因素。在调查前组织野外调查人员认真阅读填表说明，将填表说明分发给每个采样小组，模拟填写，达到理解正确、掌握标准一致时方可进行野外调查工作。为了使布点图上的点位编号与调查表对应，在调查表格中增加"布点图编号"一栏，填写好的调查表格必须经技术组技术人员审核。

为了获得准确可靠的调查信息，要求户主必须到场，对因按布点图确实找不到户主的，经监督组同意后，可进行合理的变动，同时将新确定的取样点及时标注在布点图上。在调查过程中，有些农户忘记了其施用肥料的品种和含量，由农户回家取出原化肥包装袋，再由调查人员进行核实、确认，然后如实填写。由监督小组审核无误后，方可入档保存。

三、点位筛选

用于耕地地力评价的调查点并非越多越好，依据《测土配方施肥技术规范》要求，根据全县农业生产情况、耕地状况、土壤类型、作物布局及产量水平，选择了2079个调查点用于耕地地力评价。

第二节 土壤样品的制备

一、样品制备的目的

从野外取回的土样，经登记编号后，都需经过一个制备过程：风干、磨细、混匀、装瓶，以备各项测定之用。

样品制备的目的：

剔除土壤以外的侵入体（如植物残茬、昆虫、石块等）和新生体（铁锰结核和石灰结核等），以除去非土壤的组成部分。

适当磨细，充分混匀，使分析时所称取的少量样品具有较高的代表性，以减少称样误差。

全量分析项目，样品需要磨细，以使分解样品的反应能够完全和彻底。

使样品可以长期保存，不致因微生物活动而霉坏。

二、制备新鲜样品的要求

某些土壤的成分如二价铁、硝态氮、铵态氮等，在风干过程中会发生显著变化，必须用新鲜样品进行分析。为了能真实地反映土壤在田间自然状态下的某些理化性状，新鲜样品要及时送回室内进行处理分析，用粗玻璃棒或塑料棒将样品混匀后迅速称样测定。

新鲜样品一般不宜储存，如需要暂时储存，可将新鲜样品装入塑料袋，扎紧袋口，放在冰箱冷藏室或进行速冻保存。

三、土壤样品的风干和制备

从野外采回的土壤样品及时放在样品盘上，摊成薄薄的一层，置于干净整洁的室内通风处自然风干，并注意防止酸、碱等气体及灰尘的污染。风干过程中经常翻动土样，并将大土块捏碎，以加速干燥，同时剔除土壤以外的侵入体。

风干后的土样按照不同的分析要求研磨过筛，充分混匀后，装入样品瓶中备用。瓶内外各放标签一张，写明编号、采样地点、土壤名称、采样深度、样品粒度、采样日期、采样人及制样时间、制样人等项目。制备好的样品均妥善储存，避免日晒、高温、潮湿和酸碱等气体的污染。全部分析工作结束，分析数据核实无误后，试样一般还要保存 3 个月至 1 年，以备查询。少数有价值需要长期保存的样品，需保存于广口瓶中，用蜡封好瓶口。

四、制备一般化学分析的土样样品

将风干后的样品平铺在制样板上，并将植物残体、石块等侵入体和新生体剔除干净。采用土壤样品粉碎机粉碎。压碎的土样要全部通过 2mm 孔径筛。未过筛的土粒必须重新碾压过筛，直至全部样品通过 2mm 孔径筛为止。过 2mm 孔径筛的土样可供 pH、盐分、交换性能及有效养分项目的测定。

将通过 2mm 孔径筛的土样用四分法取出一部分继续碾磨，使之全部通过 0.25mm 孔径筛，供有机质、全氮、碳酸钙等项目的测定。

五、制备微量元素分析的土样样品

用于微量元素分析的土样，其处理方法同一般化学分析样品，但在采样、风干、研磨、过筛、运输、储存等环节，要特别注意不接触金属器具，以防污染。采样、制样使用塑料制工具，过筛使用尼龙网筛等。通过 2mm 孔径尼龙筛的样品可用于测定土壤有效态微量元素。

六、制备颗粒分析的土样样品

将风干土样反复碾,使之全部通过 2mm 孔径筛。留在筛上的碎石称量后保存,同时将过筛的土壤称量,以计算石砾质量百分数,然后将土样混匀后盛于广口瓶内,用于颗粒分析及其他物理性质测定。

第三节 样品分析与质量控制

一、样品分析

(一)样品分析

土样测试见表 3-1。

表 3-1 测试方法

测试项目	测试方法
容重	环刀法
自然含水量	烘干法
田间持水量	环刀法
pH	电位法
有机质	油浴加热重铬酸钾氧化容量法
全氮	凯式蒸馏法
水解氮	碱解扩散法
有效磷	氟化铵—盐酸侵提—钼锑抗比色法
缓效钾	硝酸提取—火焰光度计法
速效钾	乙酸铵浸提火焰光度计法
交换性钙	乙酸铵交换—原子吸收分光光度法
交换性镁	乙酸铵交换—原子吸收分光光度法
有效硼	沸水浸提—甲醇铵—H 化色法
有效硅	柠檬酸浸提—硅钼蓝比色法
有效钼	草酸—草酸铵浸提—极谱法
有效硫	磷酸盐—乙醇浸提—硫酸铵化浊法

植株测试:每种作物按高、中、低肥力水平,各取 1 组“3414”试验所有处理的样品用于分析化验。

样品采集:粮食作物要采集完整植株约 2kg,小麦全部粉碎,玉米籽粒、秸秆分别粉碎。

化验项目:全氮、全磷、全钾全部分析,其他选测。

(二)化验质量控制

一是平行控制,每批样品做20%平行。二是参比样控制,每批样品都要带参比样。每批或每50个样品测一个。参比样测定值应在相应测试项目所规定的置信区间,否则,同批样品该项目检测结果判定为不合格,该项目需重新检测。

为加快化验速度,充分发挥参战人员的主观能动性,将人员分为样品处理、分析化验两个组,依据分析项目又将化验组分为4个化验小组,实行分工负责,责任到组到人,并做好记录,保证检测质量。

二、化验室建设与质量控制

化验分析与质量控制严格按照农业部《测土配方施肥技术规范》的有关规定执行。鄄城县农业局现有10间共约220m^{2}的化验室。依据工作性质和化验要求,设置了办公室、档案室、样品处理室、样品室、天平室、综合化验室、原子吸收室、药品室、有机质室、氮室、磷室、钾室、蒸馏室、储藏室等多个科室,并分别按要求进行了装修。保证检测工作不受外部环境影响,保证检测的废液、废水等有害物质对周围环境不产生不利影响,保证检测人员的人体健康。化验室重新审验了各种化验仪器,淘汰了部分陈旧仪器、设备,配备购置了原子吸收分光光度计、定氮仪、火焰光度计、紫外分光光度计、分析天平等设备80多台套,具备了土样检测批量化、规范化的分析化验能力。为提高化验人员的化验技能和整体素质,多次进行技术培训,并积极与兄弟县市交流学习,不断提高化验人员的化验能力。

化验室质量控制主要包括实验室内的质量控制和实验室间的质量控制。

(一)实验室内的质量控制

1. 标准溶液的校准。标准溶液分为元素标准溶液和标准滴定溶液两类。应严格按照国家有关标准配制、使用和保存。

2. 空白试验。空白值的大小和分散程度,影响着方法的检测限和结果的精密度。空白试验一般平行测定的相对差值不应大于50%,每个测试批次及重新配置药剂都要增加空白。

3. 精密度控制。精密度一般采用平行测定的允许差来控制。通常情况下,土壤样品做10%～30%的平行。5个样品以下的,应增加为100%的平行。

平行测试结果符合规定的允许差,最终结果以其平均值报出,如果平行测试结果超过规定的允许差,需再加测一次,取符合规定允许差的测定值报出。如果多组平行测试结果超过规定的允许差,应考虑整批重作。

4. 准确度控制。准确度一般采用标准样品作为控制手段。通常情况下,每批样品或每50个样品加测标准样品一个,其测试结果与标准样品标准值的差值,应控制在标准偏差(S)范围内。

5. 干扰的消除或减弱。干扰对检测质量影响极大,应注意干扰的存在并设法排除。主要方法有:可采用物理或化学方法分离被测物质或除去干扰物质;利用氧化还原反应,使试液中的干扰物转化为不干扰的形态;加入络合剂掩蔽干扰离子;采用有机溶剂的萃取及反萃取消除干扰;采用标准加入法消除干扰;采用其他分析方法避开干扰。

6. 其他措施。

(二)实验室间的质量控制

实验室内的质量控制除上述日常工作外,还需要由质量管理人员对检测结果的准确度、重复性和复现性进行控制,对检测结果的合理性进行判断。

实验室间的质量控制是一种外部质量控制,可以发现系统误差和实验室间数据的可比性,可以评价实验室间的测试系统和分析能力,是一种有效的质量控制方法。

实验室间质量控制的主要方法为能力验证,即由主管单位统一发放质控样品,统一编号,确定分析项目、分析方法及注意事项等,各实验室按要求时间完成并报出结果,主管单位根据考核结果给出优秀、合格、不合格等能力验证结论。

第四章　土壤理化性状及评价

作物生长发育需要光热、温度、空气、水分和养分，土壤养分是作物生长的物质基础，其含量的多少，是土壤肥力因素中最重要的因素。土壤肥力就是作物在生长发育过程中，土壤不断调节和供应水分、养分、空气和热量的能力。土壤养分丰缺程度是影响作物产量和品质的重要因子，是指导科学施肥的依据。

第一节　土壤 pH 和有机质

一、土壤 pH

pH 是土壤酸性强度的主要指标，它代表与土壤固性平衡的土壤溶液中的氢离子浓度的负对数，是土壤盐基状况的综合反映，对土壤的一系列其他性质有深刻的影响。土壤中有机质的合成与分解，氮、磷等营养元素的转化和释放，微量元素的有效性，土壤保持养分的能力等，都与土壤 pH 有关。

(一)耕层土壤 pH 分级及面积

全县耕地土壤 pH 平均为 8.22，变幅为 7.3～8.5。全县 pH 均分布在第二等级。分级及面积见表 4-1。

表 4-1　　耕层土壤 pH 分级及面积

级　别	一	二
范　围	>8.5	7.5～8.5
耕地面积(hm^2)	0	64234.41
占耕地比例(%)	0	100
主要分布区域	无	全县

由表 4-1 知，全县土壤呈微碱性至碱性，要注意增施有机肥，施用生理酸性肥料，不宜施用碱性肥料。土壤呈现碱性主要因素为气候因素和母质因素。全县地处黄泛平原，成土母质为黄河冲积物，母质来源系黄河从上游黄土高原携带大量泥砂，黄土富含钙质，土壤石灰反应强烈，是土壤碱化的内在因素。鄄城县属于大陆性季风气候，降雨具有明显的季节性，致使土壤具有明显的季节性积盐和脱盐频繁交替的特点，是土壤碱化的重要条件。

（二）不同利用类型的土壤pH状况

全县以小麦—玉米和小麦—棉花种植模式为主。在这两种植模式下，土壤pH分布状况见表4-2。

表4-2 不同利用类型土壤pH状况

轮作模式	平均值	最大值	最小值	标准差	变异系数
小麦—玉米	8.23	8.8	7.3	0.19	2.31
小麦—棉花	8.30	8.4	8.2	0.10	1.20

由表4-2知，在小麦—玉米的种植模式下，土壤的pH的平均值为8.23，最大值为8.8，最小值为7.3，差异系数为2.31%；在小麦—棉花的种植模式下，土壤pH的平均值为8.3，最大值8.4，最小值为8.2，差异系数为1.2%，大约是小麦—玉米的差异系数的一半。小麦—玉米的种植模式的差异系数大于小麦—棉花的种植模式的差异系数原因可能有三种：一是在小麦—棉花的种植模式下，单位面积施入的无机和有机肥料多于小麦—玉米的种植模式；二是由于高等植物对钾、钠、钙、镁等盐基离子的选择性吸收；三是有可能是人为因素（样点的分布不均）所致。

（三）不同质地耕层pH状况

全县土壤质地分为砂壤、轻壤、中壤、重壤四种类型，不同质地耕层pH状况见表4-3。

表4-3 不同土壤质地耕层pH状况

土壤耕层质地	平均值	最大值	最小值	变异系数(%)
砂壤	8.21	8.50	7.30	2.19
轻壤	8.23	8.50	7.60	1.94
中壤	8.22	8.50	7.60	2.19
重壤	8.20	8.50	7.60	2.20

由表4-3知，四种不同土壤质地耕层的pH最大值均为8.5，以砂壤最低，为7.3，其他三类土壤质地耕层均相同，为7.6，主要是由于砂壤的孔隙比较大，质地疏松，不利于保水和保肥。通过对比观察pH的平均值，可以发现，土壤中的pH水平为重壤＜砂壤＜中壤＜轻壤，以轻壤居高，为8.23，其他三类土壤质地耕层的pH含量分别为8.20、8.21、8.23，而变异系数则是轻壤最低，为1.94%，其他三类土壤质地耕层的变异系数均大于2%。轻壤地区大多分布在中部一些乡镇，如鄄城镇、引马乡、郑营乡等乡镇，由于此类地区有部分的盐渍化现象，因而使土壤pH平均水平较高，而且分布较均匀。

二、土壤有机质

有机质是土壤的重要组成部分。土壤的许多属性都直接或间接地与有机质有关。土壤有机质具有养分全面、肥效持久的特点，能提供作物生长发育所需要的氮、磷、钾和各种中、微量元素等养分。有机质还可以改善和调节土壤的物理性状，因此土壤的有机质是土壤肥力的重要指标之一。

（一）耕层土壤有机质含量分级及面积

全县耕地土壤有机质平均含量为12.70g/kg，变幅为4.82～19.93g/kg，与第二次土壤普查时的有机质平均含量6.7g/kg相比，增加了近一倍。有机质含量高于12g/kg的面积为45787.97hm^2，占全县耕地面积的71.29%，含量低于12g/kg的面积为18446.44hm^2，占全县耕地面积的28.72%。土壤有机质含量在15～20g/kg的主要分布区域为大埝乡、凤凰乡、董口镇，有机质含量在12～15g/kg的主要分布区域为董口镇、凤凰乡、大埝乡、富春乡、郑营乡、吉山镇，有机质含量在10～12g/kg的主要分布区域为临卜镇、什集镇、彭楼镇、引马乡、旧城镇、左营乡、鄄城镇，有机质含量在8～10g/kg的主要分布区域为什集镇、左营乡、旧城镇、李进士堂镇（表4-4）。

表4-4 耕层土壤有机质分级及面积

级 别	二	三	四	五
范围(g/kg)	15～20	12～15	10～12	8～10
耕地面积(hm^2)	1943.95	43844.02	17932.15	514.29
占耕地比例(%)	3.03	68.26	27.92	0.8

由表4-4知，全县的土壤有机质含量大多处于较低水平上，大部分地区分布在三级以上。全县中部地区的有机质含量水平较高，这些地区的经济较发达，基础设施较完善，农民的种地积极性高，施用的有机肥和无机肥比较多，应继续保持这种做法，进一步加强耕地质量建设，提升耕地质量。少部分的南部地区和北部地区的有机质处于低水平，应该通过秸秆还田、增施有机肥等措施提高土壤的有机质含量。

（二）不同利用类型下土壤有机质含量状况

在小麦—玉米和小麦—棉花这两种植模式下，土壤有机质含量分布状况见表4-5。

表4-5 不同利用类型下土壤有机质含量状况

轮作模式	平均值(g/kg)	最大值(g/kg)	最小值(g/kg)	标准差	变异系数(%)
小麦—玉米	12.69	19.93	4.82	2.49	19.62
小麦—棉花	11.18	11.89	10.47	0.71	6.35

同小麦—棉花种植模式相比，小麦—玉米的种植模式下的土壤中的有机质平均含量较高，为12.69g/kg。在小麦—玉米的种植模式下土壤有机质最高可达20g/kg，比在小麦—棉花种植模式下土壤有机质的最大值多出接近一倍，原因是群众多选择地力较差、盐渍化较重的地块种植棉花。从总体上看，两种种植模式的土壤有机质含量均处于较高水平，但小麦—玉米种植模式下土壤有机质的变异系数达到19.62%，接近小麦—棉花的三倍，这一现象的产生主要是由于施肥的不均匀所致。因此，应该根据各地的实际情况，通过秸秆还田、增施有机肥等措施提高土壤有机质的含量。

(三)不同土壤质地耕层有机质含量状况

不同土壤质地耕层有机质含量状况见表 4-6。

表 4-6 不同土壤质地耕层土壤有机质含量状况

耕层土壤质地	平均值(g/kg)	最大值(g/kg)	最小值(g/kg)	标准差	变异系数(%)
砂壤	12.59	17.95	6.21	2.39	18.98
轻壤	12.55	19.93	4.82	2.54	20.24
中壤	13.04	17.94	6.87	2.56	19.63
重壤	12.60	17.85	8.65	1.96	15.56

由表 4-6 知,四种不同土壤质地耕层的有机质含量以中壤的含量水平居高,为 13.04g/kg,其他土壤质地耕层的有机质含量依次为重壤、砂壤、轻壤。土壤中的有机质含量与土壤中的黏粒含量有着相关性,质地黏重的重壤和中壤比质地较松散的轻壤和砂壤含量较高。质地较黏重的土壤的通气性比质地较松散的土壤差,不利于土壤微生物的活动,减少微生物对有机质的分解。通过四种不同土壤质地耕层的变异系数的分析,可以看出重壤的变异系数同其他三类土壤质地耕层的变异系数相比明显较低,为 15.56%,表明在重壤质地上土壤有机质的含量差异小。以轻壤质地的变异系数最大,为 20.24%。这主要是由于轻壤的物理环境特别适合土壤微生物的活动,对有机质的分解也最活跃,造成土壤有机质的含量相差较大。对于砂壤和轻壤,应通过增施有机肥,以改良土壤的质地条件,使其更利于有机质的矿化,提高土壤有机质的含量。

第二节 土壤大量营养元素状况

一、土壤全氮及碱解氮

(一)耕层土壤全氮含量及分级

土壤中氮素有有机态和无机态两种。土壤中的氮素以有机态氮为主,它主要取决于有机质含量,大部分是迟效的,约占土壤全氮的 90%。而无机态氮,主要是铵态氮、硝态氮和极少数的亚硝态氮,是速效的,可以被植物直接吸收利用,一般占土壤全氮的 10% 以下。

全县土壤全氮平均含量为 0.87g/kg,变幅为 0.10~1.43g/kg。第二次土壤普查时,全氮平均含量为 0.55g/kg,,变幅为 0.20~0.86g/kg,较第二次土壤普查时全氮平均含量提高了 0.32g/kg。全氮含量高于 0.75g/kg、分布在三至四级的面积为 59867.24hm^2,占全县耕地面积的 93.20%;含量低于 0.75g/kg、分布在五级地的面积为 4367.17hm^2,占全县耕地面积的 6.8%。土壤全氮含量在 1~1.2g/kg 的主要分布区域为董口镇、凤凰乡、大埝乡;全氮含量在 0.75~1g/kg 的主要分布区域为临卜镇、彭楼镇、吉山镇、大埝乡、旧城镇;全氮含量在 0.5~0.75g/kg 的主要分布区域为临卜镇、什集镇、郑营乡、引马乡、旧城镇。土壤全氮含量及分级见表 4-7。

表 4-7　耕层土壤全氮含量分级及面积

级　别	三	四	五
范围(g/kg)	1～1.2	0.75～1	0.5～0.75
耕地面积(hm^2)	1837.93	58029.31	4367.17
占耕地比例(%)	2.86	90.34	6.8

土壤中的氮素来源主要有三个途径:一是大气中的氮的生物固定;二是雨水和灌溉水带入的氮;三是施用有机肥和化学肥料。但通过表 4-7 可以看出,全县的土壤含氮量比较低,没有高等级的含量水平,最高等级为三级,主要原因是由于土壤中氮的流失:土壤中存在一种反硝化作用,经研究表明,反硝化作用最适 pH 为 7.0～8.2,由于全县的土壤大部分处于此水平,反硝化作用强烈,因此在通过施肥增加土壤氮含量的同时,应该改良一下土壤微碱的环境,降低氮的流失。土壤的氨化作用,氨极易发生在石灰性土壤上,特别是表施氨态肥和尿素等化学氮肥时,氨挥发损失可高达施肥量的 30%以上,对于这种损失,应改化学氮肥表施为深施、粉施为粒施。

(二)不同利用类型下土壤全氮含量状况

在小麦—玉米和小麦—棉花这两种种植模式下,土壤全氮含量分布状况见表 4-8。

表 4-8　不同利用类型下土壤全氮含量状况

轮作模式	平均值(g/kg)	最大值(g/kg)	最小值(g/kg)	标准差	变异系数(%)
小麦—玉米	0.87	1.43	0.10	0.16	18.39
小麦—棉花	0.75	0.81	0.68	0.07	9.33

由表 4-8 知,在小麦—玉米种植模式下,土壤中的全氮来源主要为人为施肥,由于施肥的不确定性,使土壤中的全氮含量分布差异较大,变异系数高达 18.39%;在小麦—棉花种植模式下,土壤的全氮含量差异虽不明显,但含量也很低。因此应因地制宜,进行科学合理的施肥,通过增施氮肥,提高土壤的全氮含量。

(三)不同土壤质地耕层全氮含量状况

不同土壤质地耕层全氮含量状况见表 4-9。

表 4-9　不同土壤质地耕层土壤全氮含量状况

耕层土壤质地	平均值(g/kg)	最大值(g/kg)	最小值(g/kg)	标准差	变异系数(%)
砂壤	0.88	1.20	0.34	0.15	17.05
轻壤	0.87	1.43	0.10	0.17	19.54
中壤	0.86	1.20	0.36	0.16	18.60
重壤	0.86	1.15	0.50	0.15	17.44

由表 4-9 知,在四种不同土壤质地耕层条件下,以砂壤全氮含量的平均值最大,为

0.88g/kg，其次为轻壤，为 0.86g/kg，重壤和中壤的含量相同，为 0.86g/kg，均处于最低水平。可以看出，全氮在质地黏重的重壤和中壤比质地疏松的轻壤和砂壤含量低，这是由于重壤和中壤的质地较黏重，土壤通气性差，土壤在嫌气的条件下，反硝化作用比较强烈，从而使氮素流失过多。四种土壤中全氮含量分布较均匀的是砂壤和重壤，其变异系数分别为 17.05％和 17.44％，其他质地耕层类型的变异系数均较大，这主要是由于反硝化作用的程度不均匀造成的。

(四)耕层土壤碱解氮含量及分级

土壤水解性氮，或称碱解氮，包括无机态氮(铵态氮、硝态氮)及易水解的有机态氮(氨基酸、酰铵和易水解蛋白质)。全县土壤碱解氮平均含量为 79.29mg/kg，虽然比第二次土壤普查时的土壤碱解氮平均含量 50.10mg/kg 提高了 29.19mg/kg，但总体偏低，含量最高处于三级水平。变幅为 29～127mg/kg，碱解氮含量高于 75mg/kg，处于四级地以上的面积为 43365.93hm^2，占全县耕地面积的 67.52％，含量低于 75mg/kg，处于五、六、七等级的面积为 20868.48hm^2，占全县耕地面积的 32.49％。碱解氮含量在 90～120mg/kg 的主要分布区域为红船镇、彭楼镇、什集镇；碱解氮含量在 75～90mg/kg 的主要分布区域为左营乡、旧城镇、董口镇、闫什镇、红船镇、郑营乡、彭楼镇；碱解氮含量在 60～75mg/kg 的主要分布区域为李进士堂镇、旧城镇、临卜镇、什集镇；碱解氮含量在 45～60mg/kg 的主要分布区域为临卜镇、旧城镇；碱解氮含量在 30～45mg/kg 的主要分布区域为临卜镇。土壤碱解氮含量及分级面积见表 4-10。

表 4-10　　耕层土壤碱解氮分级及面积

级　别	三	四	五	六	七
范围(mg/kg)	90～120	75～90	60～75	45～60	30～45
耕地面积(hm^2)	6574.87	36791.06	19854.78	974.03	39.67
占耕地比例(％)	10.24	57.28	30.91	1.52	0.06

(五)小麦—玉米种植模式下土壤碱解氮含量状况

全县以小麦—玉米种植模式为主，此种植模式下土壤碱解氮含量平均值为 79.52mg/kg，最大值为 139mg/kg，最小值为 29mg/kg，标准差为 16.97，变异系数为 21.34％。

土壤碱解氮含量分布不均匀。碱解氮含量与土壤全氮含量有极大关系，应通过增施氮肥，提高土壤全氮含量以改善土壤氮素的供应能力。

(六)不同土壤质地耕层碱解氮含量状况

不同土壤质地耕层的碱解氮含量状况见表 4-11。

通过对四种不同土壤质地耕层碱解氮含量的分析可知，以砂壤的碱解氮平均含量最高，为 82.04mg/kg，中壤最少，为 76.92mg/kg。这与土壤中的全氮含量基本呈现正相关的关系。四种土壤质地耕层碱解氮含量的变异系数大多分布在 20％水平，含量分布不均匀。碱解氮是土壤中全氮含量一部分，应通过提高土壤的全氮含量，提高土壤的碱解氮含量。

表 4-11 不同土壤质地耕层土壤碱解氮含量状况

耕层土壤质地	平均值(mg/kg)	最大值(mg/kg)	最小值(mg/kg)	标准差	变异系数(%)
砂壤	82.04	120	29	16.93	19.98
轻壤	78.92	127	30	17.08	21.64
中壤	76.92	125	34	16.60	21.58
重壤	79.27	117	40	17.87	22.54

(七)作物缺氮症状及调控

作物体内的氮易从较老组织运输到幼嫩组织中再利用,所以缺氮症状首先从下部叶片开始黄化,逐渐扩展到上部叶片。作物缺氮,叶色变淡,呈浅绿或黄绿色,尤其是基部叶片,黄叶脱落提早。植株也发生改变,植株生长矮小,分枝分蘖少,茎秆直立细瘦。根量少,细长而色白。侧芽呈休眠状态或枯萎,花和果实少。成熟提早,产量、品质下降。应通过以下措施进行改良:

种植豆科作物,增加土壤氮素的积累。

增施有机肥和实行秸秆还田,调节土壤 C/N 比,加速土壤有机氮的转化。

合理灌溉,施用尿素切忌大水漫灌。

科学施用氮肥,根据目标产量适当增加氮肥用量,在施肥方法上要深施 6cm 以上,并覆土盖严,减少氮素损失,示范推广缓控释肥,提高氮素利用率。

二、土壤有效磷

(一)耕层土壤有效磷含量及分级

土壤中的磷一般以无机磷和有机磷两种形态存在,分别占全磷含量的 20%～50%和 50%～80%。土壤有效磷包括土壤易溶性磷酸盐、土壤胶体吸附的磷酸根离子和易硫化的有机磷(也称为速效磷),约占土壤总磷量的 10%。土壤有效磷含量高低是衡量土壤肥力水平的重要标志,全县耕层土壤有效磷平均含量为 22.56mg/kg(第二次土壤普查时土壤有效磷平均含量仅为 3.27mg/kg),属偏低水平,变幅为 8.10～35mg/kg,有效磷含量高于 20mg/kg 的面积为 56274.2hm^2,占全县耕地面积的 87.61%,含量低于 20mg/kg 的面积为 7960.21hm^2,占全县耕地面积的 12.4%。土壤有效磷含量在 20～30mg/kg 的主要分布区域为董口镇、郑营乡、旧城镇、吉山镇,有效磷含量在 15～20mg/kg 的主要分布区域为临卜镇、董口镇、彭楼镇、旧城镇、吉山镇、李进士堂镇,有效磷含量在10～15mg/kg 的主要分布区域为郑营乡、大埝乡、彭楼镇。有效磷含量分级及面积见表 4-12。

由表 4-12 知,全县的土壤有效磷含量较低,均在五级以下水平,需要大面积的补充磷肥。土壤中有效磷的含量与土壤的酸碱度有着密切的关系,当 pH 处于 6.5～6.8 的水平时,可以减少磷的固定作用,提高土壤的有效磷含量。而鄄城县的大部分土壤的 pH 处于 7.3～8.5,远远大于最佳 pH 的范围。在此范围内,土壤的固磷作用明显,因而全县的土壤有效磷大多处于较低水平。因此,在增施磷肥的同时,应该着重改良土壤的酸碱度,降低土壤的 pH。土壤中有效磷的含量还与土壤的母质有关。全县土壤的母质是含钙质的黄河冲积土，土壤中的碳酸钙的含量对磷的有效性影响很大，如磷酸一钙、磷酸二钙和磷酸三钙等，随着钙与磷的比例增加，其溶解度和有效性逐渐降低。

表 4-12 耕层土壤有效磷分级及面积

级 别	五	六	七
范围(mg/kg)	20～30	15～20	10～15
耕地面积(hm^2)	56274.2	7847.48	112.73
占耕地比例(%)	87.61	12.22	0.18

(二)不同利用类型土壤有效磷含量状况

全县在小麦—玉米和小麦—棉花两种种植模式下，土壤有效磷含量分布状况见表4-13。

表 4-13 不同利用类型土壤有效磷含量状况

轮作模式	平均值(mg/kg)	最大值(mg/kg)	最小值(mg/kg)	标准差	变异系数(%)
小麦—玉米	22.54	35	8.1	4.91	21.87
小麦—棉花	23.45	28.4	18.5	4.95	21.10

由表 4-13 知，两种种植模式下，土壤有效磷的平均含量差异不明显，在小麦—棉花种植模式下比在小麦—玉米的种植模式下高出仅 0.91mg/kg。但两种种植模式下的变异系数均较大，均达到 21%以上的水平，说明有效磷在土壤中分布不均匀，土壤中磷肥的含量主要受人为因素影响较大，应通过科学指导农民施肥，改善磷肥分布不均的状况，并逐步提高土壤磷素含量。

(三)不同土壤质地耕层有效磷含量状况

不同土壤质地耕层的有效磷含量见表 4-14。

表 4-14 不同土壤耕层质地土壤有效磷含量状况

耕层土壤质地	平均值(mg/kg)	最大值(mg/kg)	最小值(mg/kg)	标准差	变异系数(%)
砂壤	22.81	34.10	8.70	5.04	22.09
轻壤	22.24	35.00	8.10	4.99	22.43
中壤	22.82	29.00	8.30	4.94	21.65
重壤	22.35	29.70	13.20	3.24	14.50

由表 4-14 知，四种不同土壤质地耕层中以中壤含量最高，为 22.82mg/kg，其余依次为砂壤、重壤、轻壤，轻壤的含量最低，为 22.24mg/kg。有效磷含量与土壤的有机质含量呈现正相关的关系。含有机质较多的土壤，其固磷作用往往较弱，其原因除了有机质矿化能提供部分无机磷外，还有下列原因：①有机阴离子与磷酸根竞争固相表面专性吸附点位，从而减少了土壤对磷的吸附。②有机物分解产生的有机酸和其他螯合剂的作用，将部

分固定态磷释放为可溶态。③腐殖质可在铁、铝氧化物等胶体表面形成保护膜，减少对磷酸根的吸附。④有机质分解产生的 CO_2 溶于水形成 H_2CO_3，增加钙、镁、磷酸盐的溶解度。在四种土壤质地耕层中，有效磷最大含量分布在轻壤质地类型上，为 35mg/kg，最小含量也分布在轻壤类型上，为 8.10mg/kg；变异系数也以轻壤最大，为 22.43%，重壤的变异系数显著性降低，为 14.50%。质地较黏重的重壤土有效磷分布的变异系数明显比质地较轻的砂壤、轻壤、中壤低，这主要是质地黏重的土壤有利于对养分的固定和保留，对养分的流失具有一定的抑制作用。

(四)作物缺磷症状及调控

作物体内的磷易从较老组织运输到幼嫩组织中再利用，故症状从较老叶片开始向上扩展。作物缺磷，植株生长缓慢、矮小、苍老、茎细直立，分枝或分蘖较少，叶少，呈暗绿或灰绿而无光泽，茎叶常因积累花青苷而带紫红色。根系发育差，易老化。缺磷植物的果实和种子少而小，成熟延迟，产量和品质降低。为了减少磷在土壤中的固定，提高土壤磷的有效性，可采取以下措施：

调节土壤酸碱度。在碱性大的土壤上，应增施有机肥或绿肥，降低土壤 pH。

增施有机肥，实施秸秆还田，提高土壤有机质含量。

磷肥宜做基肥施用。做追肥时应早施、集中施，以利于植株的吸收，减少土壤固定。

三、土壤缓效钾及速效钾

(一)耕层土壤缓效钾和速效钾含量及分级

土壤中钾素按化学成分分为矿物钾、非交换性钾、交换性钾和水溶性钾四种。按植物营养的有效性可分为无效钾、缓效性钾和速效钾。土壤矿物钾一般占全钾量的 92%～98%，它在植物营养上不能为植物所吸收，属无效钾。非交换性钾即缓效钾(土壤中的缓效钾是指土壤中次生矿物如伊利石、蛭石、绿泥石等所固定的钾)，通常占土壤全钾量的 2%～8%，是土壤速效钾的储库，它是评价土壤供钾潜力的一个重要指标。速效钾包括交换性钾和水溶性钾，一般占土壤全钾量的 1%～2%，可以被植株直接吸收。

1. 缓效钾。全县耕层土壤缓效钾平均含量为 695.07mg/kg，变幅为 403～981mg/kg，属较低水平。含量高于 500mg/kg 的面积为 64186.55hm^2，占全县耕地面积的 99.93%；缓效钾含量低于 500mg/kg 的面积为 47.84hm^2，占全县耕地面积的 0.07%。土壤缓效钾含量在 750～900mg/kg的主要分布区域为大埝乡、凤凰乡、旧城镇、鄄城镇、红船镇、董口镇，缓效钾含量在 500～750mg/kg 的主要分布区域为左营乡、吉山镇、引马乡、红船镇、彭楼镇、闫什镇、旧城镇、鄄城镇、临卜镇，缓效钾含量在 300～500mg/kg的主要分布区域为闫什镇、什集镇。土壤缓效钾含量及分级面积见表 4-15。

2. 速效钾。全县耕层土壤速效钾含量为 89.80mg/kg，和第二次土壤普查时的土壤速效钾平均含量 141.6mg/kg 相比，降低了 51.8mg/kg。全县耕层土壤速效钾含量变幅为 32～198mg/kg，属中等偏低水平。速效钾含量在 100mg/kg 以上的面积为 15014.96hm^2，占全县耕地面积的 23.37%；速效钾含量在 100mg/kg 以下的面积为 49219.44hm^2，占全县耕地面积的 76.63%。土壤速效钾含量在 120～150mg/kg 的主要分布区域为董口镇、大埝乡、鄄城镇、凤凰乡，速效钾含量在 100～120mg/kg 的主要分布区域为董口镇、大埝乡、鄄城镇、引马乡，速效钾含量在75～100mg/kg的主要分布区域为旧城镇、李进士堂镇、吉山镇、红船镇、闫什镇、郑营乡，速效钾含量在50～75mg/kg的主要分布区域为什集镇、左营乡、郑营乡、彭楼镇、红船镇、吉山镇，速效钾含量在小于50mg/kg的主要分布区域为什集镇。从区域分布来看，中部、东部乡镇速效钾含量相对较高，南部大部分乡镇速效钾含量相对偏低。速效钾含量分级及面积见表4-16。

表4-15 耕层土壤缓效钾分级及面积

级别	三	四	五
范围(mg/kg)	750～900	500～750	300～500
耕地面积(hm^2)	10785.46	53401.09	47.87
占耕地比例(%)	16.79	83.13	0.07

表4-16 耕层土壤速效钾分级及面积

级别	四	五	六	七	八
范围(mg/kg)	120～150	100～120	75～100	50～75	<50
耕地面积(hm^2)	3034.88	11980.08	38890.66	10282.1	46.68
占耕地比例(%)	4.27	18.65	60.54	16.01	0.07

由表4-15和表4-16知，土壤的缓效钾含量很低，使土壤的速效钾没有足够的后备资源，又由于对钾肥的重视程度不够，钾肥使用不足，导致土壤的速效钾含量较低。在全县范围内，钾素含量较高的地区大多在中、东部地区。

(二)小麦—玉米种植模式下土壤缓效钾和速效钾含量状况

全县典型的种植制度是小麦—玉米，此种植模式下土壤缓效钾含量平均值为694.07mg/kg，最大值为1033mg/kg，最小值为323mg/kg，标准差为111.43，变异系数为16.05%；速效钾含量平均值为89.8mg/kg，最大值为198mg/kg，最小值为32mg/kg，标准差为29.91，变异系数为33.31%。由此可知，土壤的缓效钾和速效钾含量均处于较低的水平。在变异水平上，土壤速效钾含量的变异系数是土壤缓效钾的两倍，速效钾的来源一是靠次生矿物的转化，另一个主要来源是施肥。速效钾的变异系数比缓效钾大，这说明土壤的速效钾含量受人为因素影响较大。因此，应该科学指导全县农业科学施肥，重视化学钾肥的使用，不断提高土壤速效钾含量。

(三)不同土壤质地耕层土壤缓效钾及速效钾含量状况

不同质地耕层缓效钾和速效钾含量见表4-17和表4-18。

由表4-17和表4-18知，土壤缓效钾含量最多的是中壤，土壤速效钾含量最高的是重壤，而且土壤缓效钾和速效钾在砂壤中含量最少，可以简单的认为土壤中含钾量与土壤耕层质地的黏性大体呈正相关，质地越黏重，固钾能力越强。通过观察缓效钾和速效钾的变异系数可以发现：土壤的缓效钾分布较均匀，速效钾含量的差异却很明显。这显然与当地的种植模式和施肥方式有着很大的关系。

表 4-17　　不同土壤质地耕层土壤缓效钾含量状况

耕层土壤质地	平均值(mg/kg)	最大值(mg/kg)	最小值(mg/kg)	标准差	变异系数(%)
砂壤	653.95	956.00	415.00	108.16	16.54
轻壤	699.44	981.00	403.00	103.37	14.78
中壤	728.66	954.00	439.00	109.93	15.09
重壤	698.50	918.00	492.00	108.32	15.51

表 4-18　　不同土壤质地耕层土壤速效钾含量状况

耕层土壤质地	平均值(mg/kg)	最大值(mg/kg)	最小值(mg/kg)	标准差	变异系数(%)
砂壤	83.71	198.00	32.00	27.93	33.37
轻壤	89.26	188.00	35.00	29.64	33.21
中壤	95.96	183.00	32.00	32.30	33.66
重壤	101.31	177.00	56.00	26.35	26.01

(四)作物缺钾症状及调控

作物缺钾通常是老叶和叶缘发黄,进而变褐,焦枯似灼烧状。叶片上出现褐色斑点或斑块,但叶中部、叶脉和近叶脉处仍为绿色。随着缺钾程度的加剧,整个叶片变为红棕色或干枯状,坏死脱落。缺钾作物根系发育不良,根细弱,常呈褐色。在氮素充足时,缺钾的双子叶植物的叶子常卷曲且显皱纹,禾本科作物则茎秆柔软易倒伏,分蘖少,抽穗不整齐。可采取以下调控措施:①对化学钾肥的施用,宜分次、适量,避免一次施肥过量,以减少钾被固定和淋失。②施用方法宜条施或穴施,使钾肥适当集中,减少与土壤的接触面,以提高土壤胶体上交换性钾的饱和度,增加钾的有效性。③实行秸秆还田,增施有机肥料,提高土壤有机质含量水平和供钾能力。④在土壤管理及施肥措施上,应尽量注意钾被固定和淋失,并促进缓效钾的释放。

第三节　土壤中微量营养元素状况

一、土壤有效硫

(一)土壤有效硫含量分级及面积

全县耕层土壤有效硫平均含量为 26.42mg/kg,变幅为 5.04～204.95mg/kg,大部分属于较低水平,含量在 45mg/kg 以下的面积占 95.09%。有效硫含量中等以上的占耕地总面积的 4.91%,含量 75mg/kg 以上的主要分布在闫什镇、红船镇、李进士堂镇。有效硫含量分级及面积见表 4-19。

表 4-19 耕层土壤有效硫分级及面积

级 别	一	二	三	四	五	六	七
范围(mg/kg)	>100	75～100	60～75	45～60	30～45	15～30	<15
耕地面积(hm^2)	114.99	491.34	1024.49	3491.64	23354.22	74097.92	1965.35
占耕地比例(%)	0.11	0.47	0.99	3.34	22.34	70.87	1.88

(二)小麦—玉米种植模式下有效硫含量状况

在小麦—玉米植模式下，土壤有效硫含量平均值为 23.69mg/kg，最大值为 168.2 mg/kg，最小值为 5.04mg/kg，标准差为 24.87，变异系数为 104.98%，土壤有效硫含量分布极不均匀，在缺硫地块应注意硫肥的施用。

(三)不同土壤质地耕层土壤有效硫含量状况

不同土壤质地耕层的有效硫含量见表 4-20。

表 4-20 不同土壤质地耕层土壤有效硫含量状况

耕层土壤质地	平均值(mg/kg)	最大值(mg/kg)	最小值(mg/kg)	标准差	变异系数(%)
砂壤	32.82	168.2	7.51	32.19	98.08
轻壤	29.26	204.95	11.14	35.00	119.62
中壤	26.26	91.04	5.04	19.72	75.10
重壤	18.87	47.63	5.86	10.20	54.05

由表 4-20 知，四种不同土壤质地耕层的有效硫含量的平均值相差比较大，含量最大的是砂壤，最小的为重壤，轻壤和中壤分别列第二位和第三位，质地轻的土壤比质地黏的土壤含量多。通过观察变异系数，可以发现重壤有效硫含量的变异系数最小为 54.05%，变异系数最大是轻壤，为 119.62%，这表明土壤的有效硫含量受人为的因素较大，受土壤的母质因素影响较小。

(四)作物缺硫症状及调控

植株体内的硫移动性较小，不易被再利用，缺硫症状常表现在幼嫩部位。农作物缺硫时生长受阻，尤其是营养生长，症状类似缺氮。植株矮小，分枝、分蘖少，全株体色褪绿，呈浅绿色或黄绿色。叶片失绿或黄化，褪绿均匀，幼叶较老叶明显，叶小而薄，向上卷曲，变硬、易碎，脱落提早，茎生长受阻，植株矮、僵直。

由于全县大部分土壤有效硫含量处于较低水平，所以，要注重推广施用含硫的复合肥。

二、土壤有效锌

(一)土壤有效锌含量分级及面积

全县耕层土壤有效锌平均含量为 1.32mg/kg，变幅为 0.24～3.78mg/kg，从有效锌含量来看，中等以上含量的面积占 94.38%，含量范围在 1.0～3.0mg/kg 的主要分布在董口镇、大埝乡、彭楼镇、鄄城镇、旧城镇、凤凰乡、引马乡、李进士堂镇、吉山镇、红船镇、闫什镇、郑营乡；有效锌含量偏少的面积为 3611.05hm²，占耕地总面积的 5.62%，含量范围在 0.5～1.0mg/kg 的主要分布在李进士堂镇、吉山镇、临卜镇、红船镇、什集镇。全县耕层土壤有效锌含量大部分属中等偏上水平，但是生产实践表明，小麦、玉米粮食作物对锌反应较敏感，所以，施用锌肥仍有比较明显的增产效果。含量分级及面积见表 4-21。

表 4-21 耕层土壤有效锌分级及面积

级 别	一	二
范围(mg/kg)	1.0～3.0	0.5～1.0
耕地面积(hm²)	60623.36	3611.05
占耕地比例(%)	94.38	5.62

(二)小麦—玉米种植模式下有效锌含量状况

全县典型的种植模式是小麦—玉米，此植模式下土壤有效锌含量的平均值为 1.32 mg/kg，最大值为 4.32mg/kg，最小值为 0.24mg/kg，标准差为 0.52，变异系数为 39.39%，土壤有效锌含量分布不均匀，缺锌地块应注意锌肥的施用。

(三)不同土壤质地耕层土壤有效锌含量状况

不同土壤质地耕层的有效锌含量见表 4-22。

表 4-22 不同土壤质地耕层土壤有效锌含量状况

耕层土壤质地	平均值(mg/kg)	最大值(mg/kg)	最小值(mg/kg)	标准差	变异系数(%)
砂壤	1.32	2.79	0.54	0.25	18.94
轻壤	1.3	3.46	0.80	0.27	20.30
中壤	1.29	2.70	0.64	0.28	21.71
重壤	1.30	2.60	0.82	0.23	17.69

由表 4-22 知，四种不同土壤质地耕层的有效锌含量的平均值相差比较小，含量最大的是轻壤，最小的为中壤，砂壤和重壤分别列第二位和第三位。可以看出，质地轻的土壤比质地黏的土壤的有效锌含量多。通过对比观察不同土壤质地耕层的有机质和有效锌含量的分析，可以看出，有效锌含量与有机质含量呈负相关，这主要是由于有机质与有效锌形成复杂的络合物，不利于土壤的固定，使土壤有效锌含量降低。通过观察变异系数，可以发现，重壤有效锌含量的变异系数最小，为 17.69%，变异系数最大是中壤，为 21.71%。这表明土壤的有效锌含量受人为的因素较大，受土壤的母质因素影响较小。

(四)作物缺锌症状及调控

作物缺锌，叶小簇生，叶面两侧出现斑点，植株矮小，节间缩短，生育期推迟。果树对锌比其他作物敏感，果树缺锌常引起小叶病或叶簇病，即在枝条顶端叶片丛生成簇状，特别是落叶果树。花生缺锌时，常出现小叶和叶簇病。小麦缺锌时，麦苗返青迟，拔节困难，植株矮小，叶片主脉两侧失绿，形成黄绿相间的条带，条带边缘清晰，无颗粒状斑点及霉污。玉米缺锌易产生叶片失绿，果穗缺粒秃顶及玉米的花白苗等。

作物缺锌时可喷0.1%的硫酸锌溶液，底肥可在秋种整地时亩撒施硫酸锌1~2kg。

三、土壤有效硼

(一)土壤有效硼含量分级及面积

耕层土壤有效硼平均含量为0.6mg/kg，含量范围为0.24～1.28mg/kg。在0.5～1.0mg/kg范围内的土壤面积为56472.21hm^2，占全县耕地面积的87.92%，主要分布在董口镇、大埝乡、彭楼镇、鄄城镇、旧城镇、凤凰乡、引马乡、李进士堂镇、吉山镇、红船镇、闫什镇、郑营乡、富春乡、临卜镇；含量在0.2～0.5mg/kg范围内的面积为7762.2hm^2，占全县耕地面积的12.08%，主要分布在董口镇、什集镇、红船镇、闫什镇、吉山镇、左营乡、彭楼镇。土壤有效硼含量分级及面积见表4-23。

表4-23 耕层土壤有效硼分级及面积

级别	三	四
范围(mg/kg)	0.5～1.0	0.2～0.5
耕地面积(hm^2)	56472.21	7762.20
占耕地比例(%)	87.92	12.08

从表4-23可以看出，全县有效硼含量比较丰富，大部分乡镇的有效硼含量分布在0.5mg/kg以上，南部部分乡镇与种植棉花、花生等作物需要补硼。

(二)小麦—玉米种植模式下土壤有效硼含量状况

在小麦—玉米种植模式下，土壤有效硼含量平均值为0.61mg/kg，最大值为1.28mg/kg，最小值为0.24mg/kg，标准差为0.19，变异系数为31.15%。

(三)不同土壤质地耕层土壤有效硼含量状况

不同土壤质地耕层的有效硼含量见表4-24。

表4-24 不同土壤质地耕层土壤有效硼含量状况

耕层土壤质地	平均值(mg/kg)	最大值(mg/kg)	最小值(mg/kg)	标准差	变异系数(%)
砂壤	0.60	1.01	0.31	0.09	15.00
轻壤	0.59	1.02	0.35	0.09	15.25
中壤	0.61	0.96	0.34	0.11	18.03
重壤	0.61	1.09	0.26	0.11	18.03

由表4-24知，重壤和中壤的有效硼含量最大，为0.61mg/kg，含量最小的是轻壤，为0.59mg/kg。质地黏重的中壤和重壤有效硼含量较高，但其变异系数较大，大多分布在18%左右，有效硼的分布不均匀；质地较轻的砂壤和轻壤有效硼含量较低，但是其变异系数较低，分布在15%左右，有效硼的分布较均匀。土壤有效硼含量的分布同土壤有机质的分布呈正相关，说明土壤有机质在一定范围内，对土壤的有效硼含量有提高的作用。

(四)作物缺硼症状及调控

作物缺硼，首先表现在顶端出现停止生长现象，随之出现幼叶畸形、皱缩，叶脉间不规则退绿。油菜花儿不实，棉花蕾而不花，苹果的缩果病，萝卜的心腐病等。

作物缺硼时可喷施0.05%～0.1%的硼酸溶液或0.1%～0.2%硼砂溶液。平时可进行土壤施硼肥，但要注意用量不能太多，一般亩施量为0.5～1kg，因土壤中缺硼到中毒的浓度范围很窄。

四、土壤有效铜

(一)土壤有效铜含量分级及面积

耕层土壤有效铜含量平均为1.63mg/kg，变幅为0.48～5.88mg/kg。有效铜含量高于1.8mg/kg的面积为16329.4hm²，占全县耕地面积的25.42%；含量低于1.8mg/kg的耕地面积为47905.01hm²，占全县耕地面积的74.58%。土壤有效铜含量高于1.8mg/kg的主要分布在董口镇、旧城镇、鄄城镇、大埝乡、彭楼镇、引马乡，有效铜含量在1.0～1.8 mg/kg的主要分布区域为吉山镇、左营乡、李进士堂镇、郑营乡、引马乡、什集镇，有效铜含量在0.2～1.0mg/kg的主要分布区域为李进士堂镇和临卜镇。土壤有效铜含量与分级见表4-25。

表4-25 耕层土壤有效铜分级及面积

级　别	一	二	三
范围(mg/kg)	＞1.8	1.0～1.8	0.2～1.0
耕地面积(hm²)	16329.4	47836.8	68.21
占耕地比例(%)	25.42	74.47	0.11

全县有效铜含量缺乏的面积为68.21hm²，占全县耕地面积的0.11%，主要分布在李进士堂镇和临卜镇，应注意适当补铜肥。

(二)小麦—玉米种植模式下土壤有效铜含量状况

全县典型的种植模式是小麦—玉米，此种植模式下土壤有效铜含量平均值为1.66mg/kg，最大值为5.88mg/kg，最小值为0.48mg/kg，标准差为0.85，变异系数为51.20%，有效铜含量分布不均。

(三)不同土壤质地耕层土壤有效铜含量状况

不同土壤质地耕层的有效铜含量见表4-26。

表4-26 不同土壤质地耕层土壤有效铜含量状况

耕层土壤质地	平均值(mg/kg)	最大值(mg/kg)	最小值(mg/kg)	标准差	变异系数(%)
砂壤	1.57	5.88	0.70	0.82	52.23
轻壤	1.63	5.76	0.48	0.70	42.94
中壤	1.69	5.34	0.64	0.63	37.28
重壤	1.67	3.58	0.78	0.55	32.93

由表 4-26 知,四种不同土壤质地耕层的土壤有效铜含量从多到少依次为:中壤>重壤>轻壤>砂壤。中壤有效铜含量为 1.69mg/kg,砂壤为 1.57mg/kg,相差 0.12mg/kg。质地黏重的土壤有利于土壤养分的保持,质地疏松的土壤有利于土壤生物的活动,有效铜在生物分泌的生物酸的作用下,容易被分解,导致土壤有效铜含量降低。通过观察土壤的变异系数,都分布在 30%水平以上,砂壤甚至达到 52.23%,这说明土壤中有效铜含量分布很不均匀。在自然条件下,土壤中的有效铜含量很低,其含量受人为因素影响较大,这也是导致各土壤质地耕层有效铜含量状况的变异系数较大原因。

(四)作物缺铜症状及调控

作物缺铜时,新生叶失绿,叶尖发白卷曲呈纸捻状,叶片出现坏死斑点,进而枯萎死亡。如禾谷类表现为植株丛生、顶端变白,严重时不抽穗、不结实。果树缺铜则表现为顶梢叶片呈簇状,叶和果实均褪色等症状。

作物缺铜要进行调控,可施用铜肥,有基施、种子处理、叶面喷施三种施用方法。目前我国应用最广的铜肥是硫酸铜。基肥时,每亩地施用硫酸铜 0.2～1kg;拌种时,每千克种子拌硫酸铜 1g,将硫酸铜用少量水溶解,然后用喷雾器均匀喷在种子上;喷肥时,用 0.02%～0.2%浓度硫酸铜水溶液喷雾。

五、土壤有效铁

(一)土壤有效铁含量分级及面积

全县土壤有效铁含量平均为 10.02mg/kg,变幅为 3.04～21.56mg/kg。有效铁含量高于 10mg/kg 的面积为 29198.41hm^2,占全县耕地面积的 45.46%,主要分布区域为闫什镇、郑营乡、什集镇、彭楼镇、引马乡、吉山镇;含量低于 10mg/kg 的面积为 35036hm^2,占全县耕地面积的 54.54%,主要分布区域为临卜镇、董口镇、旧城镇、李进士堂镇、大埝乡、鄄城镇、凤凰乡。土壤有效铁含量与分级见表 4-27。

表 4-27 耕层土壤有效铁分级及面积

级 别	二	三
范围(mg/kg)	10～20	4.5～10
耕地面积(hm^2)	29198.41	35036.69
占耕地比例(%)	45.46	54.54

(二)小麦—玉米种植模式下土壤有效铁含量状况

全县典型的种植模式是小麦—玉米,此种植模式下土壤有效铁含量的平均值为 10.20mg/kg,最大值为 21.56mg/kg,最小值为 3.04mg/kg,标准差为 3.25,变异系数为 31.86%。

(三)不同土壤质地耕层土壤有效铁含量状况

不同土壤质地耕层的有效铁含量见表 4-28。

四种不同土壤质地耕层的有效铁含量由大到小为砂壤、中壤、轻壤、重壤。有效铁含量最大的砂壤为 11.12mg/kg,最小的为 9.11mg/kg,两者相差 2.01mg/kg。对四种不同土壤耕层质地有效铁含量状况变异性分析，四种不同土壤质地耕层的变异系数均较大，达到30%水平以上，说明土壤有效铁的分布不均匀。应通过对农民进行科学指导，科学施用微肥，提高土壤有效铁含量。

表 4-28 不同土壤质地耕层土壤有效铁含量状况

耕层土壤质地	平均值(mg/kg)	最大值(mg/kg)	最小值(mg/kg)	标准差	变异系数(%)
砂壤	11.12	21.56	4.26	3.43	30.85
轻壤	9.68	19.60	3.04	2.96	30.58
中壤	10.18	19.76	3.04	3.26	32.02
重壤	9.11	21.50	5.28	3.01	33.04

六、土壤有效锰

(一)土壤有效锰含量分级及面积

全县土壤有效锰含量平均为7.67mg/kg，变幅为1.42～15.64mg/kg。有效锰含量高于5mg/kg的面积为58935.06hm²，占全县耕地面积的91.75%，主要分布区域为大部分乡镇；含量低于5mg/kg的面积为5299.34hm²，占全县耕地面积的8.25%，主要分布区域为李进士堂镇、红船镇、引马乡等。土壤有效锰含量与分级见表4-29。

表 4-29 耕层土壤有效锰分级及面积

级 别	三	四
范围(mg/kg)	5～15	1～5
耕地面积(hm²)	58935.06	5299.34
占耕地比例(%)	91.75	8.25

(二)小麦—玉米种植模式下土壤有效锰含量状况

在小麦—玉米种植模式下，土壤有效锰含量平均值为7.67mg/kg，最大值为15.64mg/kg，最小值为1.42mg/kg，标准差为2.26，变异系数为29.47%。

(三)不同土壤质地耕层土壤有效锰含量状况

不同土壤质地耕层的有效锰含量见表4-30。

表 4-30 不同土壤质地耕层土壤有效锰含量状况

耕层土壤质地	平均值(mg/kg)	最大值(mg/kg)	最小值(mg/kg)	标准差	变异系数(%)
砂壤	9.17	13.58	4.54	2.31	25.19
轻壤	7.67	12.48	4.04	2.27	29.60
中壤	7.61	15.64	1.42	2.01	26.41
重壤	6.72	10.48	2.18	2.18	32.44

四种不同土壤质地耕层的有效锰含量由大到小为砂壤、轻壤、中壤、重壤。有效锰含量最大的砂壤为9.17mg/kg，最小的重壤为6.72mg/kg，两者相差2.45mg/kg。对四种不同土壤质地耕层有效锰含量状况变异性分析，四种不同土壤质地耕层的变异系数均较大，达到25%水平以上，说明土壤有效锰的分布不均匀。因鄄城县地处黄河冲积平原，土壤富含钙质，石灰反应强烈，pH呈微碱至碱性，土壤中锰含量少，且在碱性或石灰性土壤中易形成MnO_2沉淀，有效性降低，造成土壤中有效锰含量普遍不高，绝大部分在5～15mg/kg，应通过对农民进行科学指导，科学施用微肥，提高土壤有效锰含量。

七、微量元素调控

全县的微量元素大多处于较高水平，大部分处在二级、三级。影响土壤中微量元素含量的主要有以下因子：

土壤酸碱度。经研究表明，随着土壤酸碱度的提高，阳离子型微量元素Fe、Cu、Mn、Zn的浓度都随pH的下降而增大，有效性也随之提高，为了更好地提高全县土壤微量元素有效性，应该通过增施有机肥料、秸秆还田等措施降低土壤的酸碱度。

有机质。微量元素能与有机质化合物进行络合，简单的络合态微量元素可直接为植物所吸收，可避免被磷酸根等阴离子沉淀，从而影响微量元素的有效性。

土壤耕层质地。阳离子型微量元素被带电的黏粒所吸附，而不失其有效性，因此黏质土壤所含的有效微量元素一般都比较多。通过对有效锌、有效铜、有效铁在各类土壤耕层质地的分布可以看出含量大致和质地黏重呈现正相关的关系。

历年来，农民对微量养分的投入就很少，在不断改善种植环境的同时，还应该鼓励农民加大对微量肥料的投入，科学地、适量地施用微量元素肥料，在避免微量元素中毒的前提下，逐步提高土壤微量元素的水平。

第四节 土壤的物理性质

物理性状直接影响土壤水、肥、气、热，是决定耕地地力的重要因素。主要包括土壤耕层质地、土体构型、土壤容重、田间持水量等方面。

一、土壤耕层质地

表层土壤质地不但能反映出土壤的耕性好坏，而且深刻影响着土壤的水、肥、气、热等肥力因素，也可以体现出土壤基本性能的优劣。鄄城县土壤耕层质地包括砂壤、轻壤、中壤、重壤四种类型，各种耕层质地面积及占耕地总面积比例见表4-31。

表4-31 不同耕层质地面积

耕层土壤质地	砂壤	轻壤	中壤	重壤
耕地面积(hm^2)	24493.31	18742.43	10822.56	10176.07
占耕地比例(%)	38.13	29.18	16.85	15.84

全县土壤耕层质地以轻壤和砂壤为主，轻壤和砂壤占总耕地面积的67.31%，中壤占16.85%，重壤占15.84%。砂壤主要分布在彭楼镇、闫什镇、什集镇等乡镇，砂壤土土壤疏松，易耕作，但保水、保肥能力弱，养分含量低，没后劲，易拿苗，不发苗，作物生长不良，产量较低，应注意增施有机肥、钾肥和微肥；轻壤主要分布在鄄城镇、红船镇、引马乡、郑营乡、什集镇等乡镇，土质较松，耕性良好，通透性好，抗涝不抗旱，养分含量中等，保肥、保水性能较差，易拿苗，但生长无后劲，产量偏低；中壤主要分布在大埝乡、吉山镇、李进士堂镇、凤凰乡等乡镇，中壤土适耕期长，耕性良好，通透性和保肥、保水能力适中，供肥性能好，不黏不硬，抗旱抗涝，土壤水、肥、气、热状况协调，适种各类农作物；重壤土主要分布在大埝乡、旧城镇、董口镇等乡镇，土壤耕层质地黏重，养分含量较高，保肥性强，不发小苗，有后劲，但耕性差，有湿黏、干硬现象，影响作物生长，应注意客土改良。

二、土体构型

全县的土体构型主要有壤均质、壤质砂心、壤质黏心、壤质黏腰四种类型：

壤均质：全剖面土体深厚，土壤耕层质地上下各层均一，包括均质轻壤、均质中壤、均质重壤三种。均质轻壤全剖面为壤土，质地适中、耕性良好、保水保肥；均质中壤全剖面多为淤土，自然肥力较高；均质重壤剖面为重壤土、黏土，质地黏重，耕性差，难耕耙。

壤质砂心：表层为两合土或淤土，20～60cm土体内有大于30cm厚的砂土层。

壤质黏心：表层为两合土或淤土，20～60cm处有大于30cm的黏土层。

壤质黏腰：表层和心土层为两合土或淤土，在60～100cm处有大于30cm的黏土层。

表4-32为全县土体构型类型及其面积比例。

表4-32 不同土体构型面积

土体构型类型	壤均质	壤质砂心	壤质黏心	壤质黏腰
耕地面积(hm^2)	25828.2	26251.72	8994.2	3159.58
占耕地比例%	40.21	40.87	14.00	4.92

由表4-32知，全县的土体构型主要是壤均质和壤质砂心，其面积分别为25828.2hm^2和26251.72hm^2，分别占耕地总面积的40.12%和40.87%；其次为壤质黏心，面积为8994.2hm^2，占全县耕地面积的14.00%；壤质黏腰的面积最小，为3159.58hm^2，仅占耕地面积的4.92%。四种土体构型以壤均质和壤质黏腰较好，这两种土体构型，不仅有利于植物根系的生长和扩展，而且有利于养分的保留，使植物更好地利用土壤养分，提高土壤养分利用率。壤质砂心由于心土层部分是砂质，质地较疏松，不利于土壤中养分的保留，容易导致土壤养分的流失，降低养分的利用率，应通过增施有机肥，提高土壤的黏性，改善土壤的颗粒状况，从而使土体构型向有利于植物生长的方向发展。对于壤质黏心，由于心土层是黏质土壤，不利于植株根系的生长，也就不利于植物对养分的吸收，影响植物的生长。对于质地较黏重的土壤，应通过深松降低土壤的容重，增加土壤孔隙，提高降雨的入渗，大雨后深松地表出现大量洞穴，有利于改善土壤黏性，提高土壤的松性，从而使土壤更利于植株的生长。

三、土壤容重

土壤容重是土壤松紧程度和耕性好坏的标志之一，也是反应土壤质地对土壤水、气状况影响程度的重要方面。一般来说，耕层土壤容重以1.10～1.35g/cm³较为适宜。根据参与分析的186个耕地样点分析结果统计，全县耕层土壤容重平均为1.32g/cm³，变幅为1.13～1.60g/cm³。

（一）不同利用类型土壤容重状况

全县以小麦—玉米和小麦—棉花种植模式为主。在这两种植模式下，土壤容重状况见表4-33。

表4-33 不同利用类型下土壤容重状况

轮作模式	平均值(g/cm³)	最大值(g/cm³)	最小值(g/cm³)	标准差	变异系数(%)
小麦—玉米	1.34	1.60	1.15	0.09	6.72
小麦—棉花	1.30	1.48	1.13	0.08	6.15

由表4-33可知，在小麦—玉米种植模式下，土壤容重的平均值为1.34g/cm³，最大值为1.60g/cm³，最小值为1.15g/cm³，差异系数为6.72%；在小麦—棉花种植模式下，土壤容重的平均值为1.30g/cm³，最大值1.48g/cm³，最小值为1.13g/cm³，差异系数为6.15%。表明土壤容重与利用类型之间无明显关系。小麦—玉米种植模式的差异系数大于小麦—棉花种植模式的差异系数，原因是在小麦—棉花种植模式下，单位面积施入的有机肥料多于小麦—玉米种植模式。

（二）不同土壤质地耕层容重状况

土壤质地耕层容重状况见表4-34。

由表4-34知，土壤容重与土壤质地有密切关系，土壤容重随着质地的变黏呈逐渐减少趋势，即重壤＜中壤＜轻壤＜砂壤，砂壤土容重平均为1.36g/cm³，轻壤土为1.34g/cm³，中壤土为1.30g/cm³，重壤土为1.28g/cm³。一般认为，旱地土壤容重以1.10～1.35g/cm³较为适宜，既利于根系生长，又利于通气和保水。由此可见，全县大部分土壤耕层容重是比较适宜的，且同一质地土壤容重变化幅度不大。

表4-34 不同土壤质地耕层土壤容重状况

耕层土壤质地	平均值(g/cm³)	最大值(g/cm³)	最小值(g/cm³)	标准差	变异系数(%)
砂壤	1.36	1.60	1.26	0.02	1.47
轻壤	1.34	1.52	1.23	0.02	1.49
中壤	1.30	1.41	1.18	0.01	0.77
重壤	1.28	1.36	1.13	0.01	0.78

四、土壤田间持水量

土壤经灌溉或降雨排出重力水以后所能保持的最大水量叫田间持水量。土壤田间持水量是衡量土壤肥力高低的重要指标之一。根据参与分析的186个耕地样点分析结果统计，鄄城县耕层土壤田间持水量平均为22.13%，变幅为17.5%～29.2%。

(一)不同利用类型土壤田间持水量

在小麦—玉米和小麦—棉花种植模式下，土壤田间持水量状况见表4-35。

表4-35　不同利用类型下田间持水量状况

轮作模式	平均值	最大值	最小值	标准差	变异系数(%)
小麦—玉米	21.36	29.2	17.5	2.35	11.0
小麦—棉花	22.29	28.7	17.8	2.28	10.22

从表4-35可以看出，两种利用类型之间土壤田间持水量无明显差异，同一利用类型之间土壤田间持水量有较小差异，这表明土壤田间持水量与利用类型之间无明显关系，同一利用类型土壤田间持水量有所变化，可能与不同土壤质地有关。

(二)不同土壤质地耕层土壤田间持水量

不同土壤质地耕层的田间持水量见表4-36。

表4-36　不同土壤质地耕层田间持水量状况

耕层土壤质地	平均值	最大值	最小值	标准差	变异系数(%)
砂壤	18.1	19.8	17.5	0.54	2.98
轻壤	20.7	22.3	18.8	0.66	3.19
中壤	23.5	25.1	21.9	0.69	2.94
重壤	27.2	29.2	25.7	0.51	1.88

从表4-36可以看出，土壤田间持水量随土壤质地加重而逐渐增大，表明土壤田间持水量和土壤质地关系十分密切。一般土壤质地越黏重，土壤中物理性黏粒含量越高，土粒吸水能力也就越强，土壤田间持水量相应也就越大。相关研究表明，土壤田间持水量和土壤质地关系达到极显著水平。

第五章　耕地地力评价

耕地是土地的精华，是农业生产不可替代的重要生产资料，是保持社会和国民经济可持续发展的重要资源。保护耕地是基本国策之一，因此，及时掌握耕地资源的数量、质量及其变化对于合理规划和利用耕地，切实保护耕地有十分重要的意义。在全面的野外调查和室内化验分析，获取大量耕地地力相关信息的基础上，进行了鄄城县耕地地力的综合评价，评价结果对于摸清全县耕地地力的现状及问题，为耕地资源的高效和可持续利用提供重要的科学依据。

第一节　耕地地力评价方法

一、评价原则依据

(一)评价的原则

耕地地力就是耕地的生产能力，是在一定区域内、一定的土壤类型上，耕地的土壤理化性状、所处自然环境条件、农田基础设施及耕作施肥管理水平等因素的总和。根据评价的目的要求，在鄄城县耕地地力评价中，遵循的基本原则是：

1. 综合因素研究与主导因素分析相结合原则。土地是一个自然经济综合体，是人们利用的对象，对土地质量的鉴定涉及到自然和社会经济多个方面，耕地地力也是各类要素的综合体现。所谓综合因素研究是指对地形地貌、土壤理化性状、相关社会经济因素之总体进行全面的研究、分析与评价，以全面了解耕地地力状况。主导因素是指对耕地地力起决定作用的、相对稳定的因子，在评价中要着重对其进行研究分析。因此，把综合因素与主导因素结合起来进行评价则可以对耕地地力作出科学准确的评定。

2. 共性评价与专题研究相结合原则。鄄城县耕地利用存在水浇地、旱地等多种类型，土壤理化性状、环境条件、管理水平等不一，因此耕地地力水平有较大的差异。考虑区域内耕地地力的系统性、可比性，针对不同的耕地利用等状况，应选用统一的共同的评价指标和标准，即耕地地力的评价不针对某一特定的利用类型。另外，为了解不同利用类型的耕地地力状况及其内部的差异情况，对有代表性的主要类型进行专题的深入研究。这样，共性评价与专题研究相结合，使整个的评价和研究具有更大的应用价值。

3. 定量和定性相结合的原则。土地系统是一个复杂的灰色系统，定量和定性要素共存，相互作用，相互影响。因此，为了保证评价结果的客观合理，宜采用定量和定性评价相结合的方法。在总体上，为了保证评价结果的客观合理，尽量采用定量评价方法，对可定量化的评价因子如有机质等养分含量、土层厚度等按其数值参与计算，对非数量化的定性因子如土壤表层质地、土体构型等则进行量化处理，确定其相应的指数，并建立评价数据库，以计算机进行运算和处理，避免人为随意性因素影响。在评价因素筛选、权重确定、评价标准、等级确定等评价过程中，尽量采用定量化的数学模型，在此基础上充分运用人工智能和专家知识，对评价的中间过程和评价结果进行必要的定性调整，定量与定性相结合，从而保证了评价结果的准确合理。

4. 采用 GIS 支持的自动化评价方法原则。自动化、定量化的土地评价技术方法是当前土地评价的重要方向之一。近年来，随着计算机技术，特别是 GIS 技术在土地评价中的不断应用和发展，基于 GIS 的自动化评价方法已不断成熟，使土地评价的精度和效率大大提高。本次耕地地力评价工作将通过数据库建立、评价模型及其与 GIS 空间叠加等分析模型的结合，实现了全数字化、自动化的评价流程，在一定的程度上代表了当前土地评价的最新技术方法。

（二）评价的依据

耕地地力是耕地本身的生产能力，因此耕地地力的评价则依据与此相关的各类自然和社会经济要素，具体包括以下三个方面：

1. 耕地地力的自然环境要素，其包括耕地所处的地形地貌条件、水文地质条件、成土母质条件以及土地利用状况等。

2. 耕地地力的土壤理化要素，其包括土壤剖面与土体构型、耕层厚度、质地、容重等物理性状，有机质、N、P、K 等主要养分、微量元素、pH、交换量等化学性状。

3. 耕地地力的农田基础设施条件，其包括耕地的灌排条件、水土保持工程建设、培肥管理条件等。

二、评价流程

整个评价可分为三个方面的主要内容，按先后的次序分别为：

1. 资料工具准备及数据库建立。即根据评价的目的、任务、范围、方法，收集准备与评价有关的各类自然及社会经济资料，进行资料的分析处理。选择适宜的计算机硬件和 GIS 等分析软件，建立耕地地力评价基础数据库。

2. 耕地地力评价。划分评价单元，提取影响地力的关键因素并确定权重，选择相应评价方法，制定评价标准，确定耕地地力等级。

3. 评价结果分析。依据评价结果，量算各等级耕地面积，编制耕地地力分布图。分析耕地地力问题，提出耕地资源可持续利用的措施建议。

评价的工作流程如图 5-1 所示。

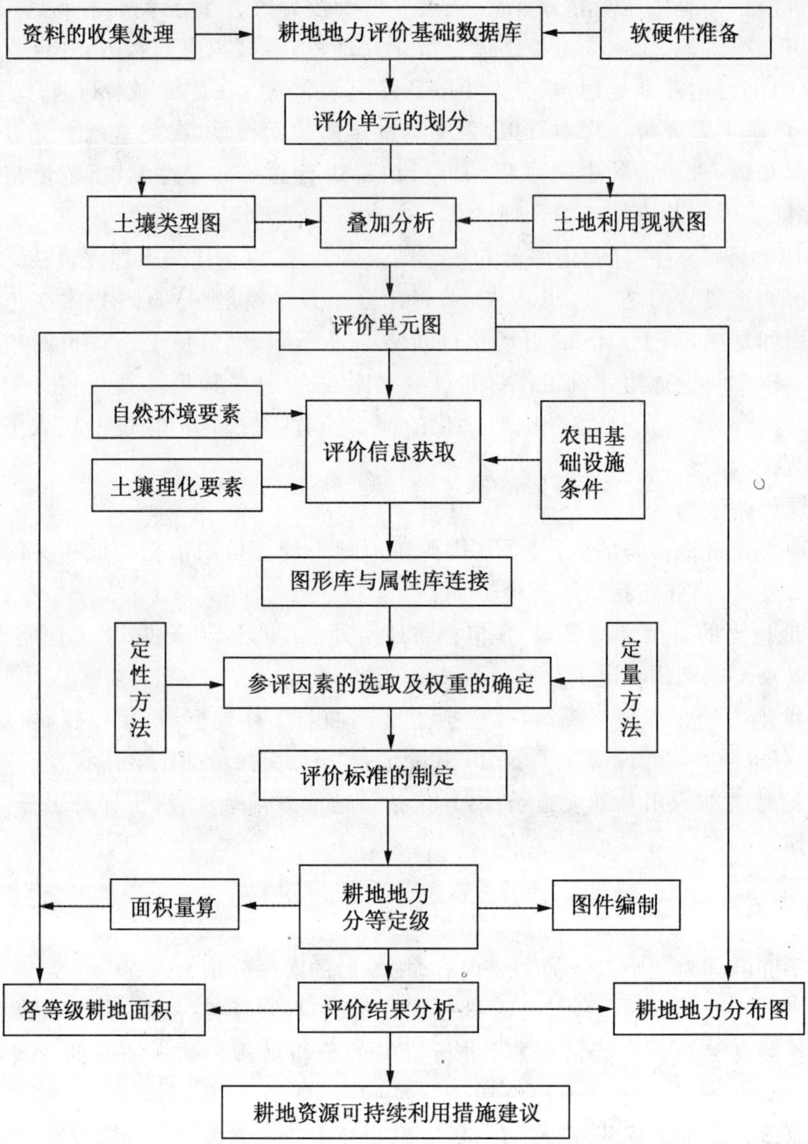

图 5-1 鄄城县耕地地力评价流程图

三、软硬件准备

(一)硬件准备

主要包括高档微机、A0 幅面数字化仪、A0 幅面扫描仪、喷墨绘图仪等。微机主要用于数据和图件的处理分析,数字化仪、扫描仪用于图件的输入,喷墨绘图仪用于成果图的输出。

(二)软件准备

一是 Windows 操作系统软件,二是 FOXPRO 数据库管理、SPSS 数据统计分析/AC-

CESS 数据管理系统等应用软件，三是 MAPGIS、ARCVIEW、ARCMAP 等 GIS 软件。

四、资料收集处理

（一）资料的收集

耕地地力评价是以耕地的各性状要素为基础，因此必须广泛地收集与评价有关的各类自然和社会经济因素资料，为评价工作做好数据的准备。对于本次耕地地力评价，收集获取的资料主要包括以下几个方面：

1. 野外调查资料。按野外调查点获取，主要包括地形地貌、土壤母质、水文、土层厚度、表层质地、耕地利用现状、灌排条件、作物长势产量、管理措施水平等。

2. 室内化验分析资料。包括有机质、全氮、速效氮、全磷、速效磷、速效钾等大量养分含量，交换性钙、镁等中量养分含量，有效锌、硼等微量养分含量，以及 pH、土壤污染元素含量等。

3. 社会经济统计资料。以行政区划为基本单位的人口、土地面积、作物及蔬菜瓜果面积，以及各类投入产出等社会经济指标数据。

4. 基础及专题图件资料 1∶350000 比例尺地形图、行政区划图、土地利用现状图、地貌图、土壤图等。

（二）资料的处理

获取的评价资料可以分为定量和定性资料两大部分，为了采用定量化的评价方法和自动化的评价手段，减少人为因素的影响，需要对其中的定性因素进行定量化处理，根据因素的级别状况赋予其相应的分值或数值。除此，对于各类养分等按调查点获取的数据，则需要进行插值处理，生成各类养分图。

1. 定性因素的量化处理

土壤表层质地：考虑不同质地类型的土壤肥力特征，以及与植物生长发育的关系，赋予不同质地类别以相应的分值（表 5-1）。

表 5-1　土壤表层质地的量化处理

质地类别	中壤	轻壤	重壤	砂壤	砂土
分值	100	95	80	70	55

土体构型：首先以土层质地类别和其在土体中的部位对各类土体构型进行归纳，根据不同的土体构型对植物生长发育的影响，赋予不同土体构型以相应的分值（表 5-2）。

表 5-2　土体构型的量化处理

土体构型	壤均质	壤质黏心	黏质壤心	砂质壤心	黏均质	砂质黏心	壤质砂心	砂均质
分值	100	90	87	80	77	70	65	58

地貌类型：根据不同的地貌类型对耕地地力及作物生长的影响，赋予其相应的分值（表 5-3）。

表 5-3 地貌类型的量化处理

地貌类型	缓平坡地	湖沼平原	岗地	洼地	滨海平地
分值	100	89	80	78	70

矿化度：根据不同的矿化度程度对耕地地力及作物生长的影响，赋予其相应的分值（表 5-4）。

表 5-4 矿化度的量化处理

矿化度	＜0.5	0.5～2	2～5	＞5
分值	100	90	65	40

盐渍化程度：考虑到鄄城县的土壤分布中存在不同的盐渍化程度，将其盐渍化程度划分为不同的等级，并根据其对耕地地力的影响程度进行量化处理（表 5-5）。

表 5-5 土壤盐渍化程度的量化处理

盐渍化	无	轻度	中度	重度	盐土
分值	100	85	70	50	30

2.各类养分专题图层的生成

对于土壤有机质、氮、磷、钾、锌、硼、钼等养分数据，首先按照野外实际调查点进行整理，建立了以各养分为字段、以调查点为记录的数据库。然后，进行了土壤采样样点图与分析数据库的连接，在此基础上插值生成各养分专题图层。

对比了在 MAPGIS 和 ARCVIEW 环境中的插值结果，发现 ARCVIEW 环境中的插值结果线条更为自然圆滑，符合实际。因此，本研究中所有养分采样点数据均在 ARCVIEW 环境下操作，利用其空间分析模块功能对各养分数据进行自动的插值处理，经编辑处理，自动生成各土壤养分专题栅格图层。后续的耕地地力评价也以栅格形式进行，与矢量形式相比，能够将各评价要素信息精确到栅格（像元）水平，保证了评价结果的准确。图 5-2 和图 5-3 为插值生成的鄄城县土壤有机质、碱解氮含量分布栅格图。

图 5-2 鄄城县土壤有机质含量栅格图

图 5-3 鄄城县土壤碱解氮含量栅格图

五、基础数据库的建立

(一)基础属性数据库的建立

为更好的对数据进行管理和为后续工作提供方便,将采样点基本情况信息、农业生产情况信息、土壤理化性状化验分析数据、土壤污染元素化验分析数据等信息以调查点为基本数据库,记录进行属性数据库的建立,作为后续耕地地力评价工作的基础。

(二)基础专题图图形库的建立

将扫描矢量化及插值等处理生成的各类专题图件,在 ARCVIEW 和 MAPGIS 软件的支持下,分别以栅格形式和点、线、区文件的形式进行存储和管理,同时将所有图件统一转换到相同的地理坐标系统下,以进行图件的叠加等空间操作,各专题图图斑属性信息通过键盘交互式输入或通过与属性库挂接读取,构成基本专题图图形数据库。图形库与基础属性库之间通过调查点相互连接。

六、评价单元的划分

评价单元是由对土地质量具有关键影响的各土地要素组成的空间实体,是土地评价的最基本单位、对象和基础图斑。同一评价单元内的土地自然基本条件、土地的个体属性和经济属性基本一致,不同土地评价单元之间,既有差异性,又有可比性。耕地地力评价就是要通过对每个评价单元的评价,确定其地力级别,把评价结果落实到实地和编绘的土地资源图上。因此,土地评价单元划分的合理与否,直接关系到土地评价的结果以及工作量的大小。

目前,对土地评价单元的划分尚无统一的方法,有以土壤类型、土地利用类型、行政区划单位、方里网等多种方法。本次鄄城县耕地地力评价土地评价单元的划分采用土壤图、土地利用现状图的叠置划分法,相同土壤单元及土地利用现状类型的地块组成一个评价单元,即"土地利用现状类型—土壤类型"的格式。其中,土壤类型划分到土种,土地利用现状类型划分到二级利用类型,制图区界以鄄城县最新土地利用现状图为准。为了保证土地利用现状的现实性,基于野外的实地调查对耕地利用现状进行了修正。同一评价单元内的土壤类型相同,利用方式相同,交通、水利、经营管理方式等基本一致,用这种方法划分评价单元可以反映单元之间的空间差异性,既使土地利用类型有了土壤基本性质的均一性,又使土壤类型有了确定的地域边界线,使评价结果更具综合性、客观性,可以较容易地将评价结果落实到实地。

通过图件的叠置和检索,将鄄城县耕地地力划分为 4009 个评价单元。

七、评价信息的提取

影响耕地地力的因子非常多,并且它们在计算机中的存储方式也不相同,因此如何准确地获取各评价单元评价信息是评价中的重要一环。因此舍弃直接从键盘输入参评因子值的传统方式,采取将评价单元与各专题图件叠加采集各参评因素的信息。具体的做法是:按唯一标识原则为评价单元编号;在 ARCVIEW 环境下生成评价信息空间库和属性数据库;在 ARCMAP 环境下从图形库中调出各化学性状评价因子的专题图,与评价单元图进行叠加计算出各因子的均值;保持评价单元几何形状不变,在耕地资源管理信息系统中直接对叠加后形成的图形的属性库进行"属性提取"操作，以评价单元为基本统计单位，按面积加权平均汇总评价单元立地条件评价因子的分值。

由此，得到图形与属性相连的、以评价单元为基本单位的评价信息，为后续耕地地力的评价奠定了基础。

第二节 参评因素的选取及其权重确定

正确地进行参评因素的选取并确定其权重，是科学地评价耕地地力的前提，直接关系到评价结果的正确性、科学性和社会可接受性。

一、参评因素的选取

参评因素是指参与评定耕地地力等级的耕地的各个属性。影响耕地地力的因素很多，在本次鄄城县耕地地力评价中根据鄄城县的区域特点遵循主导因素原则、差异性原则、稳定性原则、敏感性原则，采用定量和定性相结合的方法，进行参评因素的选取。

（一）系统聚类方法

系统聚类方法用于筛选影响耕地地力的理化性质等定量指标，通过聚类将类似的指标进行归并，辅助选取相对独立的主导因子。利用 SPSS 统计软件进行了土壤养分等化学性状的系统聚类（图 5-4）。

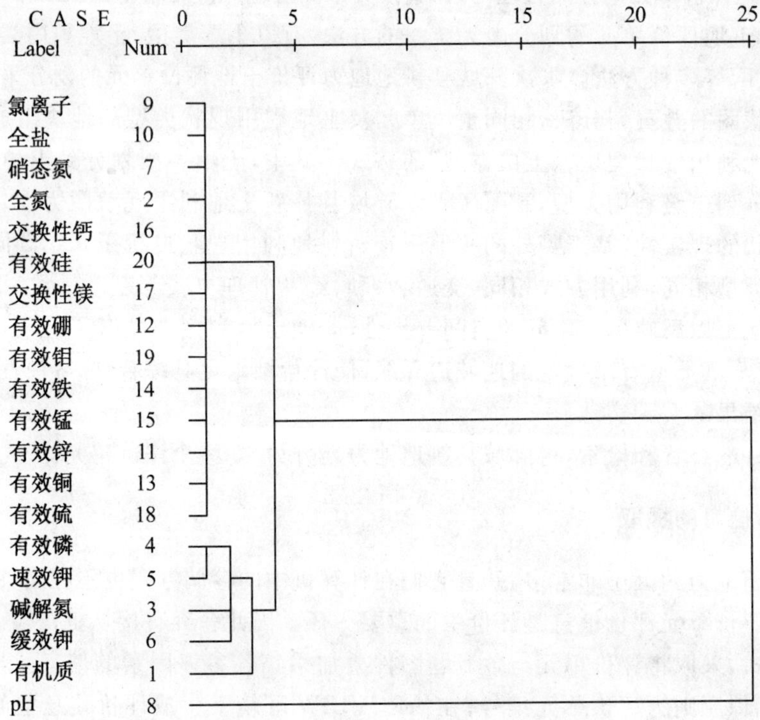

图 5-4 土壤养分等化学性状的聚类分析

从图 5-4 中可以看出，氯离子、全盐、硝态氮、全氮、交换性钙、有效硅、交换性镁、有效硼、有效钼、有效铁、有效锰、有效锌、有效铜、有效硫聚为一组，有效磷、速效钾、碱解氮、缓效钾聚为一组，有机质为一组，pH 为一组。

(二)DELPHI 法

用 DELPHI 法进行影响耕地地力的立地条件、物理性状等定性指标的筛选。确定由土壤农业化学学者、专家及鄄城县土肥站业务人员组成的专家组，首先对指标进行分类，在此基础上进行指标的选取，并讨论确定最终的选择方案。

综合以上两种方法，在定量因素中根据各因素对耕地地力影响的稳定性，以及营养元素的全面性，在聚类分析第一组中选取有效磷、有效锌为参评因素，第二组中选取有效硼为参评因素，第三组是速效钾，第四组是有机质。结合专家组选择结果，最后确定灌溉保证率、矿化度、地貌类型、耕层质地、土体构型、盐渍化程度、有机质、大量元素（速效钾、有效磷）、微量元素（有效锌、有效硼）等 11 项因素作为耕地地力评价的参评指标。

二、权重的确定

在耕地地力评价中，需要根据各参评因素对耕地地力的贡献确定权重，确定权重的方法很多，本评价中采用层次分析法（AHP）来确定各参评因素的权重。

层次分析法是在定性方法基础上发展起来的定量确定参评因素权重的一种系统分析方法，这种方法可将人们的经验思维数量化，用以检验决策者判断的一致性，有利于实现定量化评价。AHP 法确定参评因素的步骤如下：

1. 建立层次结构。耕地地力为目标层（G 层），影响耕地地力的立地条件、物理性状、化学性状为准则层（C 层），再把影响准则层中各元素的项目作为指标层（A 层），其结构关系如图 5-5 所示。

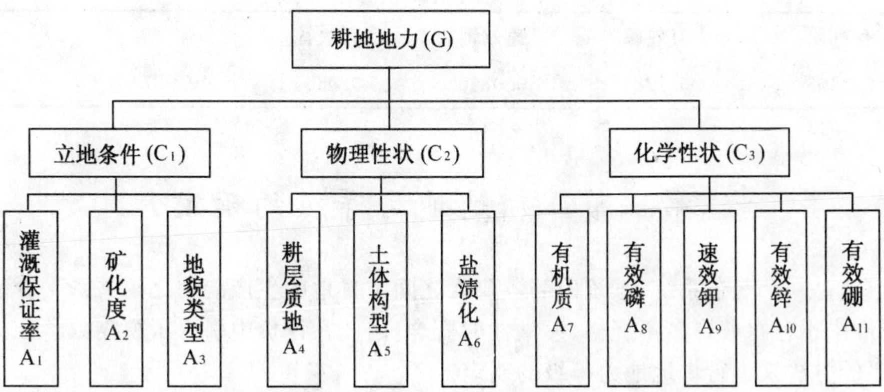

图 5-5 耕地地力影响因素层次结构

2. 构造判断矩阵。根据专家经验，确定 C 层对 G 层以及 A 层对 C 层的相对重要程度，共构成 A、C_1、C_2、C_3 共 4 个判断矩阵。例如，耕层质地、土体构型、盐渍化程度对耕地物理性状的判断矩阵表示为：

$$C_2=\begin{bmatrix}a_{11} & a_{12} & a_{13}\\ a_{21} & a_{22} & a_{23}\\ a_{31} & a_{32} & a_{33}\end{bmatrix}=\begin{bmatrix}1 & 5 & 3\\ 0.20 & 1 & 0.33\\ 0.33 & 3 & 1\end{bmatrix}$$

其中，a_{ij}（i 为矩阵的行号，j 为矩阵的列号）表示对 C_2 而言，a_i 对 a_j 的相对重要性的数值。

层次单排序及一致性检验：即求取 A 层对 C 层的权数值，可归结为计算判断矩阵的最大特征根对应的特征向量。利用 SPSS 等统计软件，得到的各权数值及一致性检验的结果见表 5-6。

表 5-6 权数值及一致性检验结果

矩阵	特征向量					C_I	C_R
矩阵 A		0.3202	0.1226	0.5571		0.009148	0.01577204<0.1
矩阵 C_1		0.6329	0.1058	0.2613		0.020017	0.03451165<0.1
矩阵 C_2		0.6333	0.1061	0.2606		0.019410	0.03346558<0.1
矩阵 C_3	0.5036	0.2307	0.1526	0.0638	0.0492	0.044324	0.03957510<0.1

从表 5-6 中可以看出，$C_R<0.1$，具有很好的一致性。

层次总排序及一致性检验：经层次总排序，并进行一致性检验，结果为 $C_I=0$，$C_R=0$，具有满意的一致性，最后计算 A 层对 G 层的组合权数值，得到各因子的权重，如表 5-7 所示。

表 5-7 各因子的权重

灌溉保证率	耕层质地	矿化度	地貌类型	土体构型	盐渍化
0.2027	0.0777	0.0339	0.0836	0.0130	0.0320
有机质	有效磷	速效钾	有效锌	有效硼	
0.2806	0.1286	0.0850	0.0355	0.0274	

第三节 耕地地力等级的确定

土地是一个灰色系统，系统内部各要素之间与耕地的生产能力之间关系十分复杂，此外，评价中也存在着许多不严格、模糊性的概念，因此在评价中引入了模糊数学方法，采用模糊评价方法来进行耕地地力等级的确定。

一、参评因素隶属函数的建立

用 DELPHI 法根据一组分布均匀的实测值评估出对应的一组隶属度，然后在计算机中绘制这两组数值的散点图，再根据散点图进行曲线模拟，寻求参评因素实际值与隶属度关系方程从而建立起隶属函数。各参评因素的分级及其相应的专家赋值和隶属度如表 5-8 所示。

表 5-8　参评因素的分级及其分值

地貌类型	缓平坡地	湖沼平原	岗地	洼地	滨海平地							
分值	100	89	80	78	70							
隶属度	1.00	0.89	0.80	0.78	0.70							
灌溉保证率	80	70	60	50	30	10	0					
分值	100	90	80	65	40	10	0					
隶属度	1.00	0.90	0.80	0.65	0.40	0.10	0.00					
矿化度(g/L)	＜0.5	0.5～2	2～5	＞5								
分值	100	90	65	40								
隶属度	1.00	0.90	0.65	0.40								
有机质	2.0	1.8	1.6	1.4	1.2	1.0	0.8	0.6				
分值	100	98	95	90	84	78	65	50				
隶属度	1.00	0.98	0.95	0.90	0.84	0.78	0.65	0.50				
有效磷	400	300	200	110	80	60	40	30	20	15	10	5
分值	70	80	90	100	98	96	92	90	85	80	60	40
隶属度	0.70	0.80	0.90	1.00	0.98	0.96	0.92	0.90	0.85	0.80	0.60	0.40
速效钾	400	320	240	160	120	100	80	60				
分值	100	98	93	85	82	78	70	50				
隶属度	1.00	0.98	0.93	0.85	0.82	0.78	0.70	0.50				
有效锌	2.0	1.5	1.2	1.0	0.8	0.5	0.3					
分值	100	92	87	85	80	70	55					
隶属度	1.00	0.92	0.87	0.85	0.80	0.70	0.55					
有效硼	1.8	1.5	1.2	1.0	0.8	0.5	0.2					
分值	100	95	87	85	80	70	55					
隶属度	1.00	0.95	0.87	0.85	0.80	0.70	0.55					
耕层质地	中壤	轻壤	重壤	砂壤	砂土							
分值	100	95	80	70	55							
隶属度	1.00	0.95	0.80	0.70	0.55							
土体构型	壤均质	壤质黏心	黏质壤心	砂质壤心	黏均质	砂质黏心	壤质砂心	黏质砂心	砂均质			
分值	100	90	87	80	77	70	65	63	58			
隶属度	1.00	0.90	0.87	0.80	0.77	0.70	0.65	0.63	0.58			
盐渍化	无	轻度	中度	重度	盐土							
分值	100	85	70	50	30							
隶属度	1.00	0.85	0.70	0.50	0.30							

通过模拟共得到正直线型、戒上型、戒下型三种类型的隶属函数，其中有机质、速效钾等属于戒上型隶属函数，土体构型、耕层质地、盐渍化、矿化度等属于正直线型隶属函数，然后根据隶属函数计算各参评因素的单因素评价评语。以有机质为例绘制的散点图和模拟曲线如图 5-6 和图 5-7 所示。

其隶属函数为戒上型，形式为：

$$
y=\begin{cases} 0 & x \leqslant x_t \\ 1/[1+A\times(x-C)^2] & x_t<x<C \\ 1 & C\leqslant x \end{cases}
$$

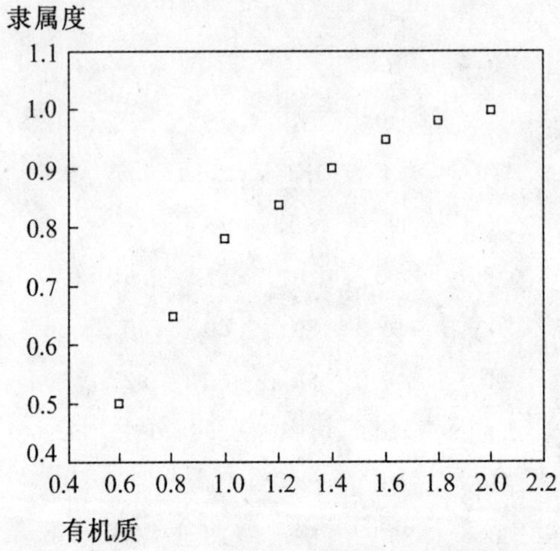

图 5-6 有机质与隶属度关系散点图

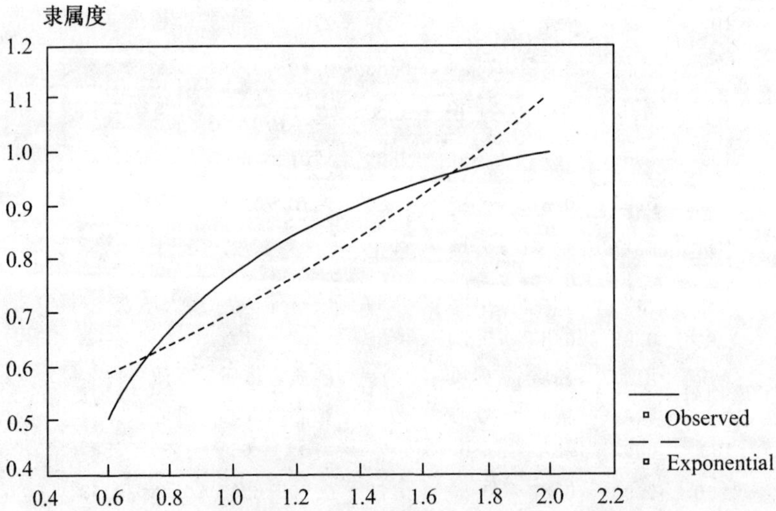

图 5-7 有机质与隶属度关系曲线

各参评因素类型及其隶属函数表5-9所示。

表5-9　　参评因素类型及其隶属函数

函数类型	参评因素	隶属函数	A	C	U_t
戒上型	有机质含量(%)	$y=1/[1+A\times(x-C)^2]$	0.543	1.822	0.35
戒上型<110 戒下型>110	有效磷(mg/kg)	$y=1/[1+A\times(x-C)^2]$	0.0000992 0.00000742	80.159 111.967	3 450
戒上型	速效钾(mg/kg)	$y=1/[1+A\times(x-C)^2]$	0.00000760	327.836	15
戒上型	有效锌(mg/kg)	$y=1/[1+A\times(x-C)^2]$	0.245	1.924	0.1
戒上型	有效硼(mg/kg)	$y=1/[1+A\times(x-C)^2]$	0.251	1.879	0.1
正直线型	灌溉保证率(分值)	$y=A\times x$	0.01	100	0
正直线型	矿化度(分值)	$y=A\times x$	0.01	100	0
正直线型	土体构型(分值)	$y=A\times x$	0.01	100	0
正直线型	耕层质地(分值)	$y=A\times x$	0.01	100	0
正直线型	盐渍化(分值)	$y=A\times x$	0.01	100	0
正直线型	地貌类型(分值)	$y=A\times x$	0.01	100	0

二、耕地地力等级的确定

(一)计算耕地地力综合指数

用指数和法来确定耕地的综合指数，公式为：

$$IFI=\sum F_i\times C_i$$

式中：IFI(Integrated Fertility Index)代表耕地地力综合指数；F_i 代表第 i 个因素评语；C_i 代表第 i 个因素的组合权重。

具体操作过程：在县域耕地资源管理信息系统中，在“专题评价”模块中编辑立地条件、物理性状和化学性状的层次分析模型以及各评价因子的隶属函数模型，然后选择“耕地生产潜力评价”功能进行耕地地力综合指数的计算。

(二)确定最佳的耕地地力等级数目

计算耕地地力综合指数之后，在耕地资源管理系统中选择累积曲线分级法进行评价，根据曲线斜率的突变点(拐点)来确定等级的数目和划分综合指数的临界点，将鄄城县耕地地力共划分为六级，各等级耕地地力综合指数见表5-10。

表5-10　　鄄城县耕地地力等级综合指数

IFI	>0.81	0.79～0.81	0.77～0.79	0.74～0.79	0.72～0.74	<0.72
耕地地力等级	一等	二等	三等	四等	五等	六等
常年粮食产量水平(kg/hm²)	≥17250	15000	13500	10500	9000	≤6000

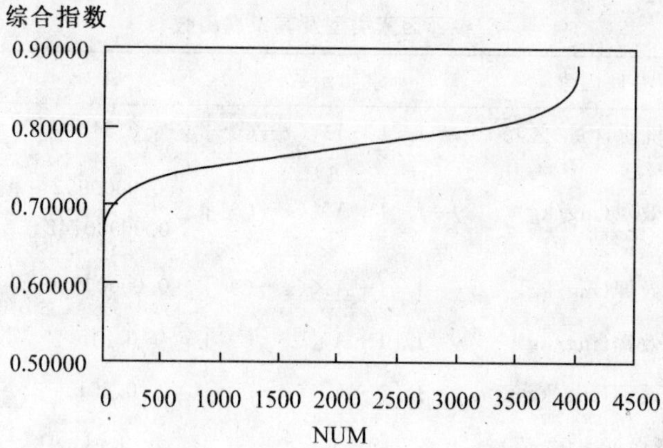

图 5-8 鄄城县综合指数分布图

三、图件的编制

为了提高制图的效率和准确性，在地理信息系统软件 MAPGIS 的支持下，进行鄄城县耕地地力评价图及相关图件的自动编绘处理，其步骤大致分以下几步：扫描矢量化各基础图件→编辑点、线→点、线校正处理→统一坐标系→区编辑并对其赋属性→根据属性赋颜色→根据属性加注记→图幅整饰输出。此外，还充分利用了 ARCVIEW 和 ARCGIS 强大的空间分析功能，将评价图与其他图件进行叠加，从而生成其他专题图件。将评价图与行政区划图叠加，进而计算各行政区划单位内的耕地地力等级面积等。

（一）专题图地理要素底图的编制

专题地图的地理要素内容是专题图的重要组成部分，用于反映专题内容的地理分布，并作为图幅叠加处理等的分析依据。地理要素的选择应与专题内容相协调，考虑图面的负载量和清晰度，应选择基本的、主要的地理要素。

以鄄城县最新的土地利用现状图为基础，对此图进行了制图综合处理，选取主要的居民点、交通道路、水系、境界线等及其相应的注记，进而编辑生成 1∶350000 各专题图地理要素底图。

（二）耕地地力评价图的编制

以耕地地力评价单元为基础，根据各单元的耕地地力评价等级结果，对相同等级的相临评价单元进行归并处理，得到各耕地地力等级图斑。在此基础上，分 2 个层次进行图面耕地地力等级的表示：一是颜色表示，即赋予不同耕地地力等级以相应的颜色。二是代号，用罗马数字Ⅰ、Ⅱ、Ⅲ、Ⅳ、Ⅴ、Ⅵ表示不同的耕地地力等级，并在评价图相应的耕地地力图斑上注明。将评价专题图与以上的地理要素图复合，整饰得鄄城县 1∶350000 耕地地力评价图（附图 1）。

（三）其他专题图的编制

对于有机质含量、速效钾、有效磷、有效锌等其他专题要素地图，则按照各要素的分级分别赋予相应的颜色，同时标注相应的代号，生成专题图层。然后与地理要素图复合，编辑处理生成专题图件，并进行图幅的整饰处理，部分最终专题图见附图。

四、面积量算

面积的量算可通过与专题图相对应的属性库的操作直接完成。对耕地地力等级面积的量算，则可在 FOXPRO 数据库的支持下，对图件属性库进行操作，检索相同等级的面积，然后汇总得各类耕地地力等级的面积，根据鄄城县图幅理论面积进行平差，得到准确的面积数值。对于不同行政区划单位内部、不同的耕地利用类型等的耕地地力等级面积的统计，则通过耕地地力评价图与相应的专题图进行叠加分析，由其相应属性库统计获得。

第六章　耕地地力分析

本次耕地地力分析，按照农业部耕地质量调查和评价的规程及相关标准，结合当地实际情况，选取了对耕地地力影响较大，区域内变异明显，在时间序列上具有相对稳定性，与农业生产有密切关系的11个因素建立评价指标体系。以土壤图与土地利用现状图叠加形成评价单元，应用模糊综合评判方法，通过综合分析，将全县耕地共划分为六个等级，根据评价结合进行耕地地力的系统分析。

第一节　耕地地力等级与分布

一、耕地地力等级面积统计

利用MAPGIS软件，对评价图属性库进行操作，检索统计耕地各等级的面积和图幅总面积。以2008年鄄城县耕地总面积为基准，按面积比例进行平差，统计得各耕地地力等级面积。

鄄城县耕地总面积为64234.41hm^2，各等级耕地比例相对均衡，以二级地、三级地、四级地和五级地为主，各等级占耕地总面积的比例均超过15%，四者面积之和占到了总耕地面积的81.64%，一级地占耕地总面积的9.19%，六级地面积较少，占总面积的9.17%（表6-1）。

表6-1　　鄄城县耕地地力评价结果面积统计

等级	一级	二级	三级	四级	五级	六级
常年粮食产量水平(kg/hm^2)	≥17250	15000	13500	10500	9000	≤6000
面积(hm^2)	5899.7	12031	14162.47	16145.22	10105.57	5890.38
百分比(%)	9.19	18.73	22.05	25.13	15.73	9.17

二、耕地地力空间分布分析

（一）耕地地力等级分布

鄄城县属黄河冲积平原，季风型暖温带半湿润区，海拔高度46.6～55.5m。由于受古黄泛影响，形成岗、坡、洼交错相间的微变地貌。地势平坦，耕地面积较大，土层深厚，土类以潮土最多。耕层主要为轻壤、中壤和重壤，无明显的障碍层次，农田基础设施配套良好，灌排能力较好。总体来看，鄄城县耕地地力较好，一级地和二级地主要分布于鄄城县中部地区，占鄄城县耕地总面积的27.91%，该区农业基础设施配套成型，测土配方施肥工程也首先在这一区域展开。三级地和四级地面积最大，主要分布在东部地区，占鄄城耕地总面积的47.18%，属于只要加大资金投入，完善基础设施，改善生产条件，产量就能大幅提高的中产田类型，有一定的改良利用潜力。五级地和六级地主要分布在鄄城县的南北两端，中部地区也有少量分布，这部分耕地耕层以砂壤和砂土为主，肥力较低，灌溉条件较差，有些地区有中度或重度盐渍化，属于低产田类型。

（二）耕地地力等级的行政区域划分

将耕地地力等级分布图与鄄城县行政区划图进行叠加分析，从耕地地力等级行政区域分布数据库中，按权属字段检索出各等级的记录，统计出一至六级地在各乡镇的分布状况（表6-2）。

表6-2 鄄城县耕地地力等级行政区域分布

乡镇	指标	一级地	二级地	三级地	四级地	五级地	六级地	总计
左营乡	面积(hm^2)	6.54	310.17	753.16	857.69	818.59	1220.42	3966.57
	百分比(%)	0.16	7.82	18.99	21.62	20.64	30.77	100
李进士堂镇	面积(hm^2)	0	10.82	251.32	577.17	1102.07	266.8	2208.18
	百分比(%)	0	0.49	11.38	26.14	49.91	12.08	100
旧城镇	面积(hm^2)	4.43	208.44	688.99	680.14	1065.39	2671.25	5318.65
	百分比(%)	0.08	3.92	12.95	12.79	20.03	50.22	99.99
大埝乡	面积(hm^2)	665.96	1112.81	842.77	224.73	137.51	0	2983.78
	百分比(%)	22.32	37.3	28.24	7.53	4.61	0	100
吉山镇	面积(hm^2)	192.76	1172.13	1342.16	584.06	735.12	410.56	4436.78
	百分比(%)	4.34	26.43	30.25	13.16	16.57	9.25	100
凤凰乡	面积(hm^2)	398.36	1565.6	777.13	519.57	95.32	0	3355.98
	百分比(%)	11.87	46.65	23.16	15.48	2.84	0	100
鄄城镇	面积(hm^2)	712.56	919.62	537.18	1072.46	93.03	17.12	3351.98
	百分比(%)	21.26	27.44	16.03	31.98	2.78	0.51	100
董口镇	面积(hm^2)	1531.18	1573.8	1093.35	876.95	338.44	36.56	5450.28
	百分比(%)	28.09	28.88	20.06	16.09	6.21	0.67	100
临卜镇	面积(hm^2)	145.71	412.13	732.54	1240.24	824.5	8.16	3363.28
	百分比(%)	4.33	12.25	21.78	36.88	24.51	0.25	100
红船镇	面积(hm^2)	48.88	544.44	1363.97	1207.47	278.75	0	3443.52
	百分比(%)	1.42	15.81	39.62	35.06	8.09	0	100

续表

乡镇	指标	一级地	二级地	三级地	四级地	五级地	六级地	总计
富春乡	面积(hm²)	1182.21	914.8	289.21	171.95	173.28	115.26	2846.71
	百分比(%)	41.53	32.14	10.15	6.04	6.09	4.05	100
郑营乡	面积(hm²)	455.1	1314.28	1022.03	1051.23	509.6	74.54	4426.79
	百分比(%)	10.28	29.69	23.09	23.75	11.51	1.68	100
引马乡	面积(hm²)	311.51	968.73	912.76	568.5	138	0	2899.5
	百分比(%)	10.74	33.41	31.48	19.61	4.76	0	100
闫什镇	面积(hm²)	191.6	316.23	1126.46	2382.1	830.21	141.32	4987.92
	百分比(%)	3.84	6.34	22.58	47.76	16.64	2.84	100
什集镇	面积(hm²)	52.97	459.2	1139.65	1698.78	1750.83	837.12	5938.55
	百分比(%)	0.89	7.73	19.19	28.61	29.48	14.1	100
彭楼镇	面积(hm²)	0	227.79	1289.76	2432.19	1214.93	91.27	5255.94
	百分比(%)	0	4.33	24.54	46.27	23.12	1.74	100

从表 6-2 中可以看出，一、二级地所占比例较高的乡镇为大埝乡、吉山镇、凤凰乡、鄄城镇、董口镇、富春乡、郑营乡和引马乡等乡镇，三、四级地所占比例较高的乡镇为吉山镇、鄄城镇、临卜镇、红船镇、郑营乡、闫什镇和彭楼镇等乡镇，五、六级地所占比例较高的乡镇主要为旧城镇、左营乡、李进士堂镇和临卜镇等乡镇。

第二节 耕地地力等级分述

一、一级地

(一)面积与分布

一级地综合评级指数高于 0.82，耕地面积为 5899.77hm²，占总耕地面积的 9.19%。其中水浇地面积为 5893.59hm²，占一级地面积的 99.9%；菜地面积为 6.18hm²，占一级地面积的 0.1%(表 6-3)。

表 6-3 一级地各土地利用类型面积

利用类型	评价单元(个)	面积(hm²)	占总耕地面积(%)	占一级地面积(%)
水浇地	373	5893.59	9.18	99.9
菜地	1	6.18	0.01	0.1
合计	374	5899.77	9.19	100

一级地主要分布于富春乡、董口镇、大埝乡和鄄城镇，其中以富春乡分布面积最大，为 1182.21hm²，占该镇耕地面积的 41.53%，占一级地的 20.04%。此外，凤凰乡、郑营乡、

引马乡等乡镇也有少量或零星分布，李进士堂镇和彭楼镇无一级地的分布。根据农户调查，常年粮食产量水平一般在 17250kg/hm^2。

（二）主要属性分析

一级地土壤类型以潮土（淤灌潮土和砂心潮土）为主，兼有少量盐化潮土。土壤表层质地为轻壤和中壤，还有少量的重壤和砂壤。土体构型以黏心、砂心和壤均质为主，无明显障碍层次。微地貌以缓平坡地和缓岗地为主，土层深厚，土壤理化性状良好，基本无盐渍化现象，只有少部分地区有轻度或中度盐渍化，可耕性强。地下水矿化度为 0.5～2g/L 的弱矿化度水，农田水利设施较为完善，灌排条件在本县范围内比较好，灌溉保证率在 75%。土壤全氮含量平均为 1.02g/kg，属中等水平；碱解氮平均含量为 96.6mg/kg，属中等偏上水平；有效硫平均含量为 35.8mg/kg，属中等偏下水平；有效铜平均含量为1.92mg/kg，较丰富；有效铁平均含量为 9.76mg/kg，属中等偏下水平；有效锰平均含量为9.02mg/kg，属中等水平；土壤容重为 1.32g/cm^3，田间持水量为 21.9%，其他土壤养分含量，见表 6-4。

表 6-4 一级地主要养分含量

项目	有机质(g/kg)	有效磷(mg/kg)	速效钾(mg/kg)	有效锌(mg/kg)	有效硼(mg/kg)
平均值	13.85	23.08	99.07	1.41	0.62
范围值	11.21～17.61	14.12～28.63	60.70～154.31	0.74～2.80	0.36～0.96
含量水平	中偏上	中偏上	中偏上	中偏上	中偏上

（三）存在问题

一级地存在问题：一是该地区属全县经济较好地区，人们历来注重二、三产业，农业投入比例低于二、三产业投入；二是土壤肥力与高产、高效农业的需求还有一定差距；三是施肥、用药种类与比例不合理；四是灌溉农田时存在大水漫灌现象，造成水资源的浪费以及土壤盐化现象的发生；五是该地区经济发达，工矿企业多，点源污染程度有所加重，影响耕地的质量和农产品的品质。

（四）改良利用

一级地是全县综合性能最好的耕地，各项评价指标均属良好型。土层厚，排灌性好，易于耕作，养分含量高，保肥、保水性好，适于各种作物生长。利用方向是发展高产、优质、高效农业，如无公害蔬菜基地、日光温室、反季节瓜果栽培以及优质高产小麦、玉米粮食高产创建等。为此，应搞好以下工作：一是农业部门应结合科技入户、配方施肥等工程，加大宣传力度，转变观念，提高认识，加大农业投入，提升农业综合生产能力；二是增施有机肥料，坚持秸秆还田，增加土壤有机质含量，实施平衡配方施肥，防止土壤污染，适量补施微肥和磷肥，提高耕地质量；三是加大检测力度，确保农业灌溉、施肥、用药安全，搞好无公害生产。

二、二级地

（一）面积与分布

二级地综合评价指数为 0.79～0.82，耕地面积为 12031hm^2，占全县总耕地面积

18.73%。其中水浇地面积为12016.4hm²,占二级耕地面积的99.88%,菜地面积为14.59hm²,占二级耕地面积的0.12%(表6-5)。

表6-5　二级地各土地利用类型面积

利用类型	评价单元(个)	面积(hm²)	占总耕地面积(%)	占二级地面积(%)
水浇地	777	12016.4	18.71	99.88
菜地	2	14.59	0.02	0.12
合计	779	12.31	18.73	100

二级耕地主要分布在凤凰乡、引马乡、富春乡、郑营乡、鄄城镇、董口镇和吉山镇,其中以凤凰乡分布面积最大,为1565.6hm²,占该镇耕地面积的46.65%,占二级地的13.01%。红船镇、临卜镇、闫什镇、彭楼镇等乡镇也有少量或零星分布。根据农户调查,常年粮食产量水平一般在15000kg/hm²。

(二)主要属性分析

二级地土壤类型以砂心潮土和均质潮土为主,兼有少量黏心潮土。土壤表层质地为轻壤和中壤,少量重壤和砂壤。土体构型以壤均质、厚砂心、厚黏腰为主,部分地区为厚砂心和薄黏腰。微地貌以缓平坡地为主,含有少量缓岗地和河滩洼地。土层深厚,土壤理化性状良好,基本无盐渍化现象,只有少部分地区是轻度或中度盐渍化,可耕性强。地下水矿化度大部分为0.5~2g/L的弱矿化度水,农田水利设施较为完善,灌排条件较好,灌溉保证率分布在50%~75%。土壤养分均比较理想,土壤全氮含量平均为1.00g/kg,属中等水平;碱解氮平均含量为92.1mg/kg,属中等偏上水平;有效硫平均含量为31.3mg/kg,属中等偏下水平;有效铜平均含量为1.76mg/kg,属中等水平;有效铁平均含量为10.04mg/kg,属中等水平;有效锰平均含量为8.29mg/kg,属中等水平;土壤容重为1.32g/cm³,田间持水量为21.6%,其他土壤养分含量见表6-6。

表6-6　二级地主要养分含量

项目	有机质(g/kg)	有效磷(mg/kg)	速效钾(mg/kg)	有效锌(mg/kg)	有效硼(mg/kg)
平均值	13.35	22.69	95.65	1.35	0.6
范围值	10.14~16.81	13.27~28.82	50.66~159.54	0.54~3.47	0.36~1.09
含量水平	中偏上	中等	中偏上	中等	中等

(三)存在问题

二级地主要存在问题是部分耕地环境质量欠佳,有的地区土体构型夹砂或砂均质,存在漏水、漏肥情况。临卜镇、左营乡和大埝乡有轻度或中度盐渍化现象,应该通过节水灌溉或客土等方法进行改良。

(四)改良利用

一是增施有机肥料,实施秸秆还田,一方面可以培肥地力,另一方面可以改善土壤中偏砂的状况,改良土体构型。二是增施磷肥,提高土壤中的磷含量水平。三是与农田基础建设相结合，兴修水利，尽量不利用矿化度较大的地下水灌溉农田，杜绝大水漫灌等不科学的灌溉方式；四是增施钾肥，补施微肥，培肥地力。

三、三级地

（一）面积与分布

三级地综合评价指数为0.77～0.79，耕地面积为14162.47hm^2，占全县总耕地面积的22.05%。其中水浇地14136.91hm^2，占三级地面积的99.82%；菜地面积为25.56hm^2，占三级地的0.18%（表6-7）。

表6-7 三级地各土地利用类型面积

利用类型	评价单元(个)	面积(hm^2)	占总耕地面积(%)	占三级地面积(%)
水浇地	901	14136.91	22.01	99.82
菜地	3	25.56	0.04	0.18
合计	904	14162.47	22.05	100

三级耕地主要分布在红船镇、引马乡、吉山镇、大埝乡、彭楼镇等乡镇，其中以红船镇所占面积最大，为1363.97hm^2，占三级地的2.12%。凤凰乡、郑营乡、闫什镇、临卜镇、董口镇等乡镇少量或零星分布。根据农户调查，常年粮食产量水平一般在13500kg/hm^2。

（二）主要属性分析

三级地土壤主要为砂心潮土和均质潮土，含有少量淤灌潮土和壤心潮土。耕层质地以轻壤和砂壤为主，伴有少量的重壤和中壤。土体构型主要为壤均质、厚砂心、薄黏心。微地貌类型为缓平坡地、河滩洼地、河槽地、缓岗地。土壤理化性质较好，农田基础设施较差，灌排能力不好，灌溉保证率分布在50%以下。地下水矿化度多为0.5～2g/L，有少部分为2～5g/L，有少量轻度和中度盐渍化现象。土壤全氮含量平均为0.93g/kg，属中等偏下水平；碱解氮平均含量为86.5mg/kg，属中等水平；有效硫平均含量为28.4mg/kg，属较低水平；有效铜平均含量为1.82mg/kg，属中等水平；有效铁平均含量为10.16mg/kg，属中等水平；有效锰平均含量为8.03mg/kg，属中等水平；土壤容重为1.31g/cm^3，田间持水量为22.5%，其他土壤养分含量见表6-8。

表6-8 三级地主要养分含量

项目	有机质(g/kg)	有效磷(mg/kg)	速效钾(mg/kg)	有效锌(mg/kg)	有效硼(mg/kg)
平均值	12.9	22.65	91.25	1.28	0.6
范围值	9.00～16.72	13.96～29.31	50.27～155.63	0.61～2.68	0.26～1.02
含量水平	中等	中等	中偏上	中偏下	中等

（三）存在问题

三级地部分耕地质地为砂壤，容易造成养分的流失，同时少部分耕地土壤偏黏，透水透气性差，不利于作物对养分的吸收。部分乡镇地下水矿化度偏高，有些地区的盐碱化呈现中度或重度，严重影响了作物的正常生长。

(四)改良利用

一是增施有机肥料，大力推广秸秆还田，提高土壤有机质含量，改善土壤中偏砂偏黏的状况，改良土体构型，培育耕地地力；二是合理耕作与灌溉，逐步消除土壤盐渍化，保障作物的正常生长；三是配方施肥，适当增施磷肥、钾肥和微肥，以提高土壤肥力。

四、四级地

(一)面积与分布

四级地综合评价指数为0.74～0.77，耕地面积为16145.22hm^2，占全县总耕地面积的25.13%，是全市最大一个等级地。其中水浇地面积为16122.38hm^2，占四级地面积的99.86%；菜地面积为22.84hm^2，仅占四级地面积的0.14%(表6-9)。

表6-9 四级地各土地利用类型面积

利用类型	评价单元(个)	面积(hm^2)	占总耕地面积(%)	占四级地面积(%)
水浇地	983	16122.38	25.1	99.86
菜地	3	22.84	0.03	0.14
合计	986	16145.22	25.13	100

四级地主要分布在闫什镇、彭楼镇、临卜镇、红船镇、鄄城镇等乡镇，其中以闫什镇分布面积最大，为2382.1hm^2，占该镇耕地面积的47.76%，占四级地面积的3.71%。什集镇、李进士堂、郑营乡、左营乡等乡镇有少量或零星分布。根据农户调查，常年粮食产量水平一般在10500kg/hm^2。

(二)主要属性分析

四级地土壤有均质潮土和砂心潮土，还有少量的砂腰潮土和淤灌潮土，表层质地以轻壤和砂壤为主，含有少量的中壤和重壤。土体构型主要有厚砂心、砂壤均质、厚砂腰、薄黏心、薄壤心。微地貌类型主要为缓平坡地、缓岗地、河滩高地。土壤中存在轻度和中度盐渍化现象，地下水矿化度主要为0.5～2g/L，并有部分为2～5g/L的中矿化度水。农田基础设施较差，灌溉多为二水区和一水区，只有少部分是三水区。土壤全氮含量平均为0.85g/kg，属中等偏下水平；碱解氮平均含量为78.3mg/kg，属中等水平；有效硫平均含量为32.7mg/kg，属较低水平；有效铜平均含量为1.64mg/kg，属中等水平；有效铁平均含量为9.82mg/kg，属中等偏下水平；有效锰平均含量为7.36mg/kg，属中等水平；土壤容重为1.33g/cm^3，田间持水量为20.5%，其他土壤养分含量见表6-10。

表6-10 四级地主要养分含量

项目	有机质(g/kg)	有效磷(mg/kg)	速效钾(mg/kg)	有效锌(mg/kg)	有效硼(mg/kg)
平均值	12.35	22.22	87.34	1.30	0.6
范围值	8.84～15.89	12.23～29.87	45.55～151.32	0.68～2.66	0.32～0.95
含量水平	中偏下	中偏下	中偏下	中等	中等

(三)存在问题

该级地土体构型中有较多的厚砂心和砂腰,对土壤保水、保肥有一定影响,同时还有少量的黏心,土壤通透性较差,对作物生长不利,只有少部分是壤均质。土壤轻度盐化较为明显,有些地区甚至达到中度盐渍化水平,严重影响作物的生长;灌溉保证率有待提高,大部分分布在50%以下,只有少部分分布在75%的水平上。土壤养分含量基本处于全县平均含量水平,微量元素含量偏低。

(四)改良利用

一是增施有机肥,坚持秸秆还田,深耕土壤,从而改良土壤表层质地和土体构型,提高土壤的物理化学性能;二是利用弱矿化水、淡水资源,采用管灌等方式合理灌溉,避免大水漫灌,加剧土壤盐渍化的程度;三是加强农田基础设施的完善和维护管理,提高灌溉保证率;四是配方施肥,增施或补施钾肥、磷肥、微肥,提高土壤肥力,进一步提高作物产量。

五、五级地

(一)面积与分布

五级地综合评价指数为0.72~0.74,耕地面积为10105.57hm²,占全县总耕地面积的15.73%,地类只存在水浇地,无其他地类的分布(表6-11)。

表6-11 五级地各土地利用类型面积

利用类型	评价单元(个)	面积(hm²)	占总耕地面积(%)	占五级地面积(%)
水浇地	621	10105.57	15.73	100
菜地	0	0	0	0
合计	621	10105.57	15.73	100

五级地主要分布在李进士堂镇、什集镇、临卜镇、彭楼镇、左营乡和旧城镇,其中李进士堂镇分布面积最大,为1102.07hm²,占该镇耕地面积的49.91%,占五级地面积的10.91%。闫什镇、吉山镇、郑营乡、红船镇、董口镇等乡镇有少量或零星分布。根据农户调查,常年粮食产量水平一般在9000kg/hm²。

(二)主要属性分析

五级地土壤类型主要为均质潮土和砂心潮土,少量盐化潮土。土壤表层质地以轻壤和砂壤为主,还有少量的中壤、重壤和砂土。土体构型主要为砂均质、厚砂腰、厚砂心,土壤中存在明显的夹砂层次。微地貌类型主要为河滩高地、砂质河槽地和缓岗地,伴有少量的河滩洼地和背河槽洼地。灌溉保证率很低,大部分分布在二水区和一水区。地下水矿化度主要为0.5~2g/L的弱度矿化水,同时有部分地区为2~5g/L的中度矿化水,地表有不同程度的返盐现象。土壤中各种养分含量均处于较低水平。土壤全氮含量平均为0.82g/kg,属中等偏下水平;碱解氮平均含量为72.6mg/kg,属中等偏下水平;有效硫平均含量为25.3mg/kg,属较低水平;有效铜平均含量为1.42mg/kg,属中等水平;有效铁平均含量为9.37mg/kg,属中等偏下水平;有效锰平均含量为7.18mg/kg,属中等水平;土壤容重为1.30g/cm³,田间持水量为22.1%,其他土壤养分含量见表6-12。

表 6-12 五级地主要养分含量

项目	有机质(g/kg)	有效磷(mg/kg)	速效钾(mg/kg)	有效锌(mg/kg)	有效硼(mg/kg)
平均值	11.96	22.10	83.68	1.26	0.59
范围值	8.77～16.09	13.62～28.34	48.53～138.16	0.75～2.23	0.30～0.98
含量水平	中偏下	中偏下	中偏下	中偏下	中等

(三)存在主要问题

五级地存在问题：一是土壤构型中存在夹砂层或砂均质，理化性状不良，土壤保水、保肥能力差，影响作物生长；二是土壤盐渍化较为明显，地下水矿化度较高；三是灌溉保证率较低，需要进一步提高；四是土壤养分含量整体偏低，对作物产量影响较大。

(四)改良利用

改良利用中应多施用有机肥，大力推广秸秆还田技术，提高土壤肥力；搞好农田基本建设，改善灌溉条件，提高灌溉保证率；在作物生长期增施各种主要养分，促进作物的稳产和增产；调整种植业结构，种植绿肥，改善生态环境。

六、六级地

(一)面积与分布

六级地综合评价指数低于 0.72，面积仅为 5890.38hm^2，占总耕地面积的 9.17%。其中水浇地面积为 5868.41hm^2，占六级地面积的 99.63%；菜地面积为 21.97hm^2，占六级地面积的 0.37%(表 6-13)。

表 6-13 六级地各土地利用类型面积

利用类型	评价单元(个)	面积(hm^2)	占总耕地面积(%)	占六级地面积(%)
水浇地	343	5868.41	9.14	99.63
菜地	2	21.97	0.03	0.37
合计	345	5890.38	9.17	100

六级地主要分布在鄄城县的东西两端，主要分布在旧城镇、左营乡和什集镇，其中旧城镇的分布面积最大，为 2671.25hm^2，占本镇总面积的 50.22%，其他乡镇也有零星分布。根据农户调查，常年粮食产量水平一般在 6000kg/hm^2。

(二)主要属性分析

六级地土壤类型主要是均质潮土和砂心潮土，兼有少量盐化潮土。土壤表层质地以砂土、轻壤、砂壤和重壤为主，少量中壤土。土体构型主要为砂土均质和重壤均质，含有少量砂心或砂腰。微地貌类型主要是河槽地和缓岗地，只有少量的缓平坡地和背河槽洼地。地下水矿化度以 0.5～2g/L 的弱矿化度水为主，土壤盐碱化现象不明显，只有少部分地区是轻度盐渍化。灌溉保证率在 50%以下。土壤全氮含量平均为 0.79g/kg，属中等偏下水平；碱解氮平均含量为 71.1mg/kg，属中等偏下水平；有效硫平均含量为 22.9mg/kg，属较低水平；有效铜平均含量为1.65mg/kg，属中等水平；有效铁平均含量为9.42mg/kg，属中等偏下水平；有效锰平均含量为7.26mg/kg，属中等水平；土壤容重为1.29g/cm^3，田间持水量为23.4%，其他土壤养分含量见表6-14。

表6-14　六级地主要养分含量

项目	有机质(g/kg)	有效磷(mg/kg)	速效钾(mg/kg)	有效锌(mg/kg)	有效硼(mg/kg)
平均值	11.71	21.99	82.17	1.36	0.59
范围值	8.27～15.13	13.91～28.34	47.70～149.43	0.67～2.79	0.34～1.01
含量水平	中偏下	中偏下	中偏下	中偏上	中等

(三)存在的主要问题

六级地存在的主要问题：一是土壤以砂壤或砂土为主，保水、保肥能力较差，影响作物生长；二是农田的灌溉水平较低，部分无灌溉条件，难以满足大田作物生长的需要；三是土壤养分普遍较低，制约作物的生长和发育。

(四)改良利用

多施用有机肥，培肥地力，改善土壤的理化性质；加强对农田基础设施的完善和维护，提高灌溉保证率；利用地下水资源合理灌溉，避免盐分在土壤表层的大量积累，加剧土壤盐渍化；增施无机和有机肥料，改善土壤贫瘠的状况。

第二篇　耕地资源管理

第七章　耕地资源合理利用与改良

耕地是农业生产可持续发展的重要基础。耕地维持着作物生产力、影响着环境的质量和动物、植物甚至人类的健康。第二次土壤普查以来，随着农村经营体制、耕作制度、作物品种、种植结构、产量水平和肥料使用等方面的显著变化，耕地利用状况也发生了明显改变。近年来，虽然对部分耕地实施了地力监测，但对区域中低产耕地状况及其障碍因素等缺乏系统性、实用性的调查分析，使耕地利用与改良难于适应新形势农业生产发展的要求。因此，开展区域耕地地力调查评价，摸清区域中低产耕地状况及其障碍因素，有的放矢地开展中低产耕地的科学改良利用，挖掘区域耕地的生产潜力，对于鄄城县耕地资源的可持续利用具有十分重要的意义。

第一节　耕地改良利用分区

一、耕地改良利用分区原则与分区系统

（一）耕地改良利用分区的原则

耕地改良利用区划的基本原则是：从耕地自然条件出发，主导性、综合性、实用性和可操作性相结合。按照因地制宜、因土适用，合理利用和配置耕地资源，充分发挥各类耕地的生产潜力，坚持用地与养地相结合，近期与长远相结合的原则进行。以土壤组合类型、肥力水平、改良方向和主要改良措施的一致性为主要依据，同时考虑地貌、气候、水文和生态等条件以及植被类型，参照历史与现状等因素综合考虑进行分区。

（二）耕地改良利用分区系统

根据耕地改良利用原则，将影响耕地利用的各类限制因素归纳为耕地自然环境要素、耕地土壤养分要素和耕地土壤物理要素，将全县耕地改良利用划分为三个改良利用类型区，即耕地自然环境条件改良利用区、耕地土壤培肥改良利用区、耕地土体整治改良利用区，并分别用大写字母 E、N 和 P 表示。各改良利用类型区内，再根据相应的限制性主导因子，续分为相应的改良利用亚类。

二、耕地改良利用分区方法

(一)耕地改良利用分区因子的确定

耕地改良利用分区因子是指参与评定改良利用分区类型的耕地诸属性。由于影响的因素很多,根据耕地地力评价,遵循主导因素原则、差异性原则、稳定性原则、敏感性原则,进行了限制性主导因素的选取。考虑与耕地地力评价中评价因素的一致性,并考虑各土壤养分的丰缺状况及其相关要素的变异情况,选取耕地土壤有机质含量、耕地土壤有效磷含量、耕地土壤速效钾含量、耕地土壤有效锌含量和耕地土壤有效硼含量因素作为耕地土壤养分状况的限制性主导因子;选取灌溉保证率、盐渍化水平作为耕地自然环境状况的限制性主导因子;选取耕层质地条件和土体构型条件作为耕地土壤物理状况的限制性主导因子。

(二)耕地改良利用分区标准

依据农业部《全国中低产田类型划分与改良技术规范》,根据山东省各县区耕地地力评价资料,综合分析目前全省各耕地改良利用因素的现状水平,同时针对影响鄄城县耕地利用水平的主要因素,邀请具有土壤管理经验的相关专家进行分析,制定了耕地改良利用各主导因子的分区及其耕地改良利用类型的确定标准。具体分级标准见表 7-1。

表 7-1 耕地改良利用主导因子分区标准

耕地改良利用区划	限制因子	代号	分区标准
耕地土壤培肥改良利用区(N)	有机质(o,g/kg)	No	<12
	有效磷(p,mg/kg)	Np	<15
	速效钾(k,mg/kg)	Nk	<100
	有效锌(zn,mg/kg)	Nzn	<0.5
	有效硼(b,mg/kg)	Nb	<0.5
耕地自然环境条件改良利用区(E)	灌溉保证(i,%) 盐渍化(s)	Ei Es	灌溉保障率低于 50% 盐渍化程度轻度以上
耕地土体整治改良利用区(P)	耕层质地(t) 土体构型(c)	Pt Pc	砂土、砂壤、粗骨土 土体中有障碍层次

(三)耕地改良利用分区方法

在 GIS 支持下,利用耕地地力评价单元图,根据耕地改良利用各主导因子分区标准在其相应的属性库中进行检索分析,确定各单元相应的耕地改良利用类型,通过图面编辑生成耕地改良利用分区图,并统计各类型面积比例。

三、耕地改良利用分区专题图

(一)耕地土壤培肥改良利用分区图

根据耕地土壤养分限制因素分区标准，把郓城县耕地有机质分为两类，即有机质改良利用区和有机质非改良利用区，有机质改良利用区以代号 No 标注，同样，有效磷改良利用区用代号 Np 标注，速效钾改良利用区用代号 Nk 标注，有效锌改良利用区用符号 Nzn 标注，有效硼改良利用区用代号 Nb 表示，编辑生成耕地土壤培肥改良利用分区图(图 7-1)。

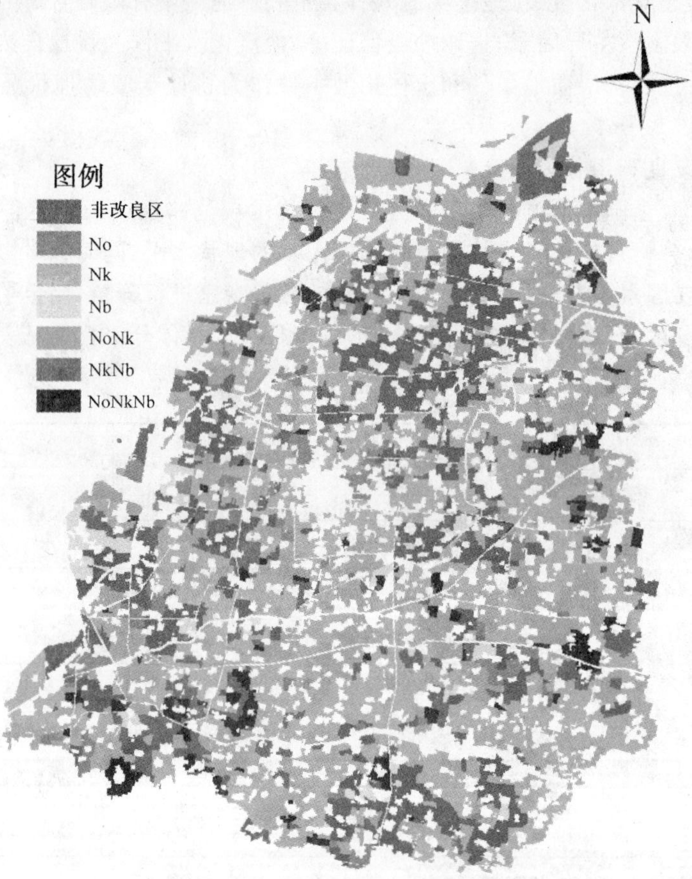

图 7-1　耕地土壤培肥改良利用分区图

(二)耕地自然环境条件改良利用分区图

根据耕地自然环境条件限制因素分区标准，进行郓城县耕地改良利用分区。灌溉保证条件分为灌溉保证条件改良利用区和灌溉保证条件非改良利用区，改良利用区用代号 Ei 标注；盐渍化程度分为盐渍化改良利用区和非改良利用区，盐渍化改良利用区以代号 Es 标注。在 GIS 下检索生成耕地土体整治改良利用分区图(图 7-2)。

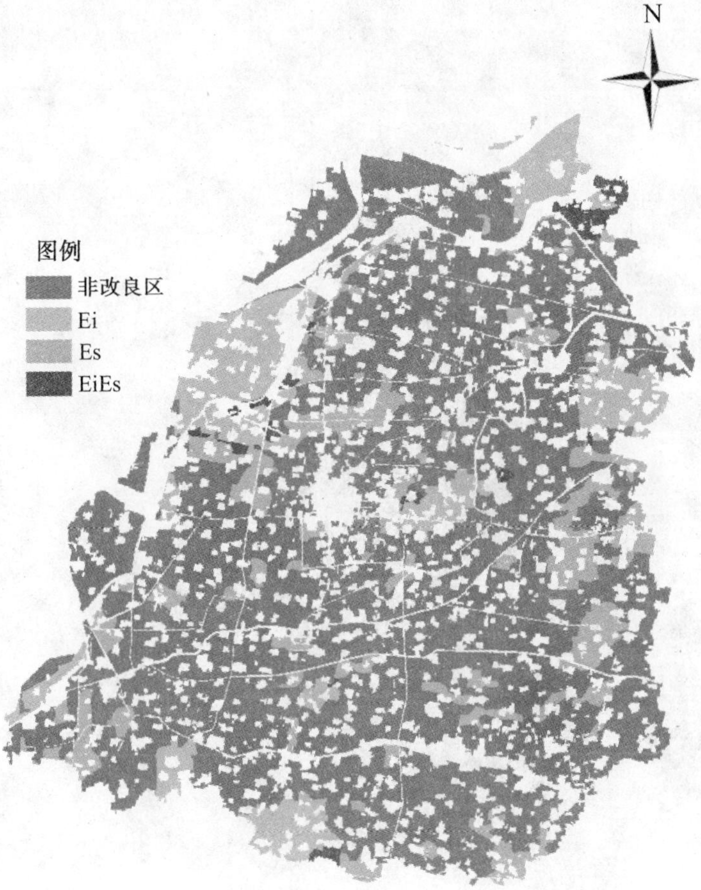

图 7-2　耕地自然环境条件改良利用分区图

(三)耕地土体整治改良利用分区图

根据耕地土地条件限制因素分区标准,耕层质地条件改良利用区用符号 Pt 标注,土体构型改良利用区用符号 Pc 标注。在 GIS 下检索生成耕地土体整治改良利用分区图(图 7-3)。

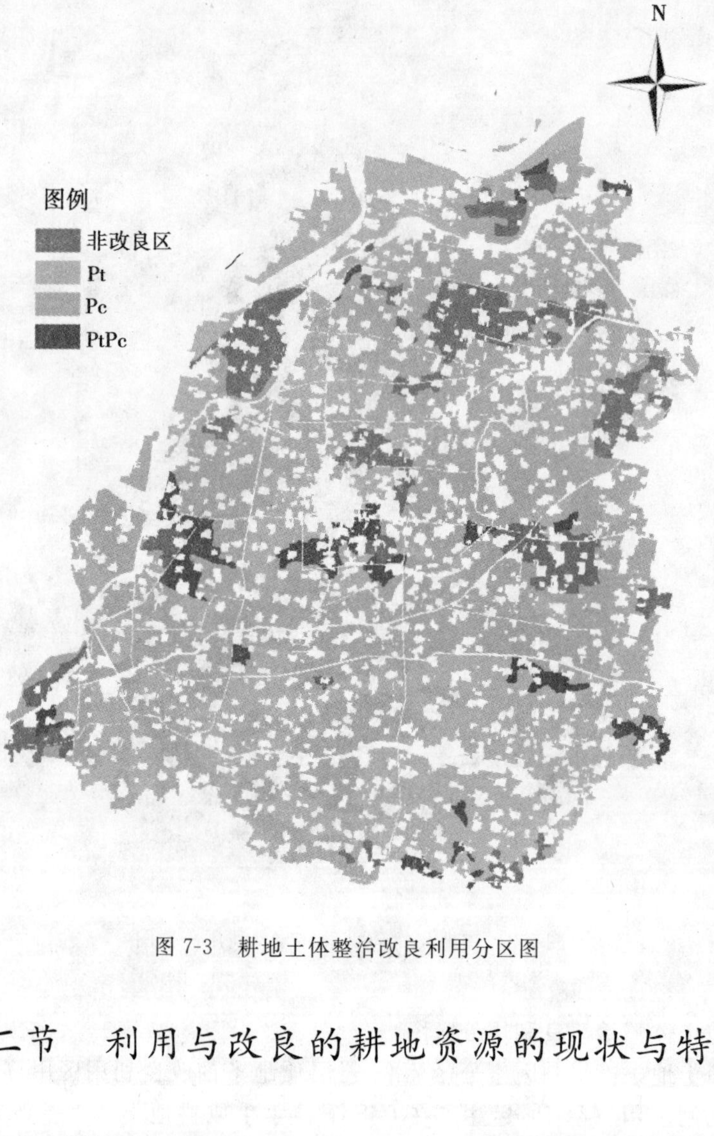

图 7-3 耕地土体整治改良利用分区图

第二节 利用与改良的耕地资源的现状与特征

一、利用与改良的耕地资源的现状

鄄城县土壤养分状况较差，土壤养分不需培肥改良的耕地仅占耕地总面积的18.31%，需要培肥改良的土地在县域内呈片状分布。其中单一缺乏有机质的耕地面积为2397.31hm^2，占耕地总面积的3.73%；单一缺乏钾肥的耕地面积为26940.56hm^2，占耕地总面积的41.94%；单一缺乏硼肥的耕地面积为1639.05hm^2，占耕地总面积的2.55%。缺乏有机质和速效钾的耕地面积为14110.5hm^2，占耕地总面积的21.97%；缺乏速效钾和有效硼的耕地面积为4628.1hm^2，占耕地总面积的7.21%；缺乏有机质、速效钾和有效硼的耕地面积为2760.65hm^2，占耕地总面积4.3%。从各类型面积比例看出，鄄城县耕地土壤培肥改良的主要方向为有针对性的增施有机肥料和钾肥(表7-2和图7-1)。

表 7-2 鄄城县耕地土壤培肥改良利用分区面积统计表

改良利用分区	No	Nk	Nb	NoNk	NkNb	NoNkNb	非改良区
面积(hm^2)	2397.31	26940.56	1639.05	14110.50	4628.1	2670.65	11758.23
百分比(%)	3.73	41.94	2.55	21.97	7.21	4.3	18.31

二、利用与改良的耕地资源特征

鄄城县耕地自然环境条件较好,地形平坦,灌溉条件较好,不需改良的耕地面积达到 49357.74hm^2,占耕地总面积的 76.84%。需要改良的面积仅占总面积的 23.16%,在鄄城县境内零星分布。灌溉保证水平需提高的耕地面积为 7155.26hm^2,仅占耕地总面积的 11.14%;土壤盐渍化需要治理的耕地面积为 6844.51hm^2,占耕地总面积的 10.66%;灌溉保证水平和盐渍化水平均需要改善的耕地面积为 876.9hm^2,占耕地总面积的 1.37%。可见,鄄城县耕地自然环境条件改良利用的主要方向为改善灌溉方式,防止土壤的次生盐渍化(表 7-3 和图 7-2)。

表 7-3 鄄城县耕地自然环境条件改良利用分区面积统计表

改良利用分区	Ei	Es	EiEs	非改良区
面积(hm^2)	7155.26	6844.51	876.9	49357.74
百分比(%)	11.14	10.66	1.37	76.84

鄄城县耕地土体结构一般,主要是鄄城县属于黄河冲积平原,耕层以轻壤或砂壤为主。需要改良的耕地也主要集中在砂质土壤,或土壤中含有夹砂层。耕层质地需要改良的耕地面积为 21871.76hm^2,占耕地总面积的 34.05%。土体构型需要改良的面积为 32625.06hm^2,占耕地总面积的 53.46%;耕层质地和土体构型需要改良的面积为 2621.58hm^2,占耕地面积的 4.08%。所以,鄄城县土体整治的重点应着力改善土体构型,宜采取秸秆还田、增施有机肥料、深耕等措施,改良偏砂的土壤表层质地及不良的土体结构,这将是鄄城县耕地土体整治改良的主要方向(表 7-4 和图 7-3)。

表 7-4 鄄城县耕地土体整治改良利用分区面积统计表

改良利用分区	Pt	Pc	PtPc	非改良区
面积(hm^2)	21871.76	32625.06	2621.58	7116.01
百分比(%)	34.05	50.79	4.08	11.08

第三节 耕地资源合理利用的对策

一、增加经济投入,加大耕地保护力度

农业是既要承担自然风险又有现场风险的弱质产业,保护农业是国民经济发展中面

临的重大问题。由于调控体制不健全,受比较利益驱使,各层次资金投入重点向非农业倾斜,资金投入不足已成为农业生产发展的主要制约因素。进一步加强对耕地改良利用的投入,加强耕地质量建设,不断培育耕地地力,逐步消除制约耕地生产力的限制因素,改善农业生产条件和农田生态环境,从而提高耕地利用的经济效益,是实现农业可持续增产的有效途径。

二、增施有机肥料,培肥地力

长期以来,鄄城县在耕地开发利用上重利用,轻培育,重化肥,轻有机肥,虽然全县化肥的施用量逐年增加,但有机肥投入量却逐年减少,且投入的化肥以氮磷肥为主,补钾增微没有引起农民的足够重视,导致土壤养分,特别是有机质含量的下降和矿质养分的失衡,土壤供钾能力下降致使粮食高产与倒伏的矛盾突显,农作物病害加重,抗逆性变差,农产品品质下降。因此要持续提高中低产耕地的基础地力,为农作物生长创造高产基础,必须将用土与养土妥善结合起来,广辟有机肥源,重视有机肥的施用,提倡冬种绿肥和使用有机—无机复混肥。同时应利用中低产耕地调查评价成果,科学指导化肥的调配,采用科学优化平衡施肥,重视合理增施有机肥、钾肥及微肥,不断培肥地力,实现中低产耕地资源的持续利用。

(一)增施有机肥料

增施有机肥料可以改良土壤结构,使土壤容重变小、空隙度增大,能使雨水和地表径流渗入土层中,增大土壤涵蓄水分的能力,增强根系吸水能力,提高水分生产率。据试验,增施有机肥料,在同样降雨条件下,连年施用有机肥的肥旱地,比多年不施有机肥的白茬地,单位降水量的生产效率可提高 80%～150%。同时,大面积推广秸秆还田,也是施用有机肥的一种间接形式,同样能达到增施有机肥料的节水、增产效果。

(二)实施秸秆还田

一是直接翻压还田。主要方式是玉米成熟收获后,将玉米秸秆粉碎,结合秋种整地直接翻压还田,近几年,还田面积占收获面积的 80%～90%,其主要作用是替代有机肥料,提升有机质含量。直接翻压还田一定要与标准化整地技术相配套,防止或避免因土壤悬空吊死麦苗或不利于培育壮苗。二是作物行间覆盖还田。主要方式有收麦留高茬和联合收割机收麦后秸秆直接覆盖,还田面积占麦田收获面积的 75%～80%。由于秸秆覆盖隔离了阳光对土壤的直射,对土体和地表温热的交换起到了调节作用,研究资料表明,高温季节盖比不盖的地表温度低 5℃左右,作物行间空气湿度正常情况下,盖比不盖的高 3%左右,雨后转晴时低 3%左右,少雨干旱时高 5%～7%,0～5cm 土壤水分盖比不盖的高 2.7%～4.5%,作物遇旱秸秆凋萎发生期推迟 5～7 天。这对促进作物健壮生长,避免或降低某些作物病害的发生作用明显,对抑制杂草危害也有一定作用。经过多年多点的调查,作物行间秸秆覆盖的当季增产率玉米为 5.7%～11.3%、棉花为 9.8%～15.1%。另外,经过高温多雨季节,留在田间的麦茬和秸秆均已腐烂,秋种时翻入土中,是一种很好的有机肥料,对改良土壤、培肥地力、减轻土壤盐碱化、破除土壤板结有较好的作用。

三、加强水利建设，改善灌溉条件，注重盐碱地的改良

水是作物生长的必要条件，灌排条件与耕地的基础地力有着密切的关系，因而可以通过采取以下措施，实现自然降水的空间聚集，改善区域农田的土壤水分状况，推广节水灌溉技术，改善和扩大灌溉面积。

健全灌溉工程，改善灌区输水、配水设备，加强灌溉作业管理，改进地面灌溉技术，采用增产、增值的节水灌溉方法和灌溉技术。加强水利建设，修筑田埂，防止水土冲刷。安排好水利规划，修好水渠，制止渗漏，加强管理，提高引灌水的利用率。

人工富集天然降水，建造大、中、小型蓄水池、塘等蓄水体系，将集纳雨水、拦截径流和蓄水有效结合起来，在作物需水的关键时期进行灌溉，解决作物的需求和降水错位的矛盾，以充分发挥水分的增产效果。

改善土壤结构，增加土壤的蓄水能力，通过对土壤增施有机物料（如施用有机肥、秸秆还田等）和应用土壤改良剂，改良土壤结构，增强土壤结构的稳定性，提高土壤对降水的入渗速率和持水量。

四、采用农业措施改良土壤质地，改善土体结构

提高耕翻整地质量，研究建立"标准化整地技术操作规程"。可按照以下程序进行：秸秆粉碎（秸秆粉碎标准为低于5cm，越碎越好）→撒施有机肥、配方肥→深耕（20cm以上）耕深要求20cm以上，以后逐年加深至25cm以上，据试验，深耕打破犁底层，使深耕后底层土壤容重由1.5g/cm^{3}降到1.35g/cm^3，孔隙度由45%增加到54%，土壤蓄水量增加20%～30%。深耕还可以使根系的分布范围扩大10%以上，有利于根系下扎，扩大了根系的吸收范围，能有效防止小麦根倒。据试验，麦田通过深耕，平均增产小麦32.8kg/667m^2，深耕后三年，小麦产量都比对照增产。三年平均产量，深耕不施肥区比对照增产18.7%，深耕施用圈肥区比对照增产23.3%，深耕施用化肥区比对照增产24%，可见深耕的作用可维持多年→旋耙（塌实土壤、无明暗坷垃）→整平做畦（确保有利于麦田浇水）→机播（下种均匀、播深一致）→播后随机镇压。

对于耕层土壤砂化，可以采用以肥改砂的方法，一方面增加土壤中养分含量，另一方面增加土壤中的有机胶体，对改良土壤砂化和提高土壤肥力有显著的作用。此外选择适宜性的作物种植，既能改善土壤性质又能获得较好的经济效益。因而，因地制宜地发展当地名优产品，是适应自然、提高经济效益的有效措施。

五、改进施肥方法，提高肥料利用率

（一）因地施肥

土壤质地随着黏粒的增加，其保肥性能增强，而供肥性则相反，所以在具体施肥上，特别是施用氮素化肥时，应充分考虑到土壤的保肥和供肥性能。壤土地的稳定肥性强，前后劲比较平稳，对供氮有良好的调节作用。对稳肥性差的砂土地、黏土地应区别对待：砂土地有机质矿化快，氮肥见效快但持续时间短，在施肥上应前轻后重，少吃多餐，多次追肥；重壤土、黏土保肥性强，施入氮肥见效慢而持续时间长，施肥应前重后轻，以满足作物前期

生长需要，防止后期贪青晚熟。

（二）因作物施肥

各种作物对肥料的敏感性不同，有的喜欢氮肥，有的喜欢磷肥，如豆类作物，施用磷肥可增加根瘤50%以上，不仅能增产，而且能增加土壤氮素含量。小麦对磷的反应虽然差，但因冬季气温低，微生物活动能力弱，特别是全县土壤速效磷含量比较低，而小麦分蘖期又需要较多的磷，充足的磷能促进多分蘖、苗壮，从而提高抗寒能力，所以小麦施用磷肥增产效果也较显著。

（三）减少磷的化学固定

全县的土壤含钙较多，磷肥中的有效磷易与土壤中钙作用，很快生成磷酸钙盐而被固定，一般固定率达80%～90%，利用率只有10%～20%。减少肥料与土壤直接接触，增加与根系接触，是提高磷肥利用率的根本措施。一是与有机肥料混合施用：一方面磷肥中的水溶性磷可以受到有机胶体和粗有机质的保护，而减少了与土壤中钙镁离子接触；另一方面，有机质在分解过程中产生多种有机酸，不但能使难溶性磷转化，而且有机质中能生成活性基，它具有强烈络合钙镁离子的作用，生成稳定的络合物，因而避免了水溶性磷的固定。二是集中施用：将磷肥集中施在作物根际附近，减少与土壤接触，增加同根接触机会；还能增加施肥点的周围微域环境的磷素的浓度，提高根系的浓度梯度，加快了磷酸根离子的扩散速度。三是根外追肥：用水溶性磷根外追肥，能避免固定损失，又经济又有效。一般使用浓度为2%～3%的过磷酸钙水溶液。

（四）氮肥深施

氮肥深施可增加土壤对铵离子的吸附作用，减少氮的挥发，还可以减弱硝化作用的进行，从而减少硝酸的流失和硝化问题造成的损失。一般追肥以深施5～10cm为宜。

（五）配方施肥

按照“用养结合，培肥高产”的原则，配方施肥要做到“增施有机肥料，推广秸秆还田技术，不断培肥地力，建设标准农田。在化肥使用方面，一是根据不同作物的目标产量确定使用数量，高产田要保证矿质养分的足量供应；二是不断改进施肥方法，大力推广高浓度复（混）合肥，提高养分利用率；三是坚持灵活用氮、稳定施磷、全面补钾的配方施肥技术。”

（六）足量施肥

在合理耕作充分积累和保持土壤水分的基础上，增施肥料，保证矿质养分的足量供应，改善作物营养，能增强旱作农业对土壤水分的利用能力，提高降水利用率。生产实践表明，在土壤全氮为0.8g/kg左右、速效磷为10mg/kg以上时，施纯氮和五氧化二磷各10kg/667m^2，小麦产量可达400kg/667m^2，要获得更高产量氮磷营养应有更高水平。中国农科院试验表明：冬小麦水肥耦合阀值氮（6～16kg/667m^2），五氧化二磷（3.75～14.78 kg/667m^2），灌溉定额为1500～3000m^3/hm^2，在此阈值范围内，水肥互作增产效应显着。

六、集约化利用耕地资源，发展生态型可持续农业，改善生态环境

耕地生态环境质量的高低是保证农作物持续稳产、高产、优产、高效的重要前提。根据鄄城县资源优势以及生态环境的特点，因地制宜地利用耕地资源，通过合理轮作、科学间套种等措施，增加复种指数，努力提高耕地资源的利用率。注重多物种、多层次、多时

序、多级质能、多种产业的有机结合,农、林、牧、副、渔并举,建立生态型可持续农业系统,达到经济、生态和社会效益的高度统一。此外,应重新审视耕地承包到户政策所致的耕地经营权分散在新形势下出现的不利耕地资源规模集约经营的缺点,努力探讨建立"公司+农户"或各种专业化合作组织等耕地规模集约经营模式,提高全县耕地资源的集约经营和经济效益。

第三节　补施钾肥平衡土壤养分供应

鄄城县属黄河冲积平原,成土母质为黄河冲积物,土壤中的钾素含量比较丰富。但随着生产条件的改善和作物产量的提高,土壤供钾能力发生了改变。1980 年第二次土壤普查时,全县耕层土壤速效钾含量为 141mg/kg,变幅为 80～300mg/kg;2006 耕地地力评价取土化验时,全县耕层土壤速效钾含量为 89mg/kg,变幅为 32～198mg/kg,比第二次土壤普查时少 52mg/kg,降低了 36.88%,土壤供钾能力降低,导致农作物病害多、易倒伏,影响产量和品质,因此,利用耕地地力评价成果,采取有效的补钾措施,是平衡养分供应、加强耕地质量建设的重要内容。

一、全县耕层土壤速效钾含量及评价

(一)耕层土壤速效钾含量及分级

全县耕层土壤速效钾含量为 89.80mg/kg,变幅为 32～198mg/kg,速效钾含量在 100mg/kg 以上的面积为 15014.96hm²,占全县耕地面积的 23.37%,比第二次土壤普查时的 48175hm² 少了 33133.04hm²;速效钾含量在 100mg/kg 以下的面积为 49219.44hm²,占全县耕地面积的 76.63%,比第二次土壤普查时的 16059.41hm² 多了 33160.03hm²。全县耕层土壤速效钾含量 100mg/kg 以上的面积减少,100mg/kg 以下的面积增多,说明耕地的供钾能力在下降。从区域分布来看,中部董口镇、大埝乡、鄄城镇速效钾含量相对较高,南部大部分乡镇和西北部乡镇、什集镇等速效钾含量相对偏低,这与第二次土壤普查时北部乡镇速效钾含量相对较高、南部大部分乡镇速效钾含量相对偏低的结论基本一致。土壤速效钾含量分级及面积(表 7-5)。

表 7-5　　耕层土壤速效钾分级及面积

级别	四	五	六	七	八
范围(mg/kg)	120～150	100～120	75～100	50～75	<50
耕地面积(hm²)	3034.88	11980.08	38890.66	10282.1	46.68
占耕地比例(%)	4.72	18.65	60.54	16.01	0.07

由表 7-5 可以看出,本县耕层土壤速效钾含量偏低,五级为 11980.08hm²,占 18.65%,六级为 38890.66hm²,占 60.54%,七级为 10282.1hm²,占 16.01%,土壤供钾能力较差。

(二)不同土壤耕层质地土壤速效钾含量状况

全县的土壤耕层质地主要类型为砂壤、轻壤、中壤、重壤。不同耕层质地速效钾含量

见表 7-6。

表 7-6 不同土壤耕层质地土壤速效钾含量状况

土壤耕层质地	平均值(mg/kg)	最大值(mg/kg)	最小值(mg/kg)	标准差	变异系数(%)
砂壤	83.71	198	32	27.93	33.37
轻壤	89.26	188	35	29.64	33.21
中壤	95.96	183	32	32.30	33.66
重壤	101.31	177	56	26.35	26.01

由表 7-6 知，土壤速效钾含量最高的是重壤，在砂壤中含量最少，可以简单地认为土壤中含钾量与土壤耕层质地的黏性大体呈现正相关，质地越黏重，固钾能力越强。通过观察速效钾的变异系数可以发现，速效钾含量的差异很明显，这显然是与当地的种植模式和施肥方式有着很大的关系。

(三)作物缺钾症状及调控

作物缺钾通常是老叶和叶缘发黄，进而变褐，焦枯似灼烧状。叶片上出现褐色斑点或斑块，但叶中部、叶脉和近叶脉处仍为绿色。随着缺钾程度的加剧，整个叶片变为红棕色或干枯状，坏死脱落。然后是根系发育不良，根细弱，常呈褐色；在氮素充足时，缺钾的双子叶植物的叶子常卷曲而显皱纹，禾本科作物则茎杆柔软易倒伏，分蘖少，抽穗不整齐。缺钾作物要及时进行调控，以保证作物生长期间从土壤中得到充足的速效钾。在土壤管理及施肥措施上，应尽量注意钾被固定和淋失，并促进缓效钾的释放。

二、全县耕层土壤速效钾含量降低的原因分析

(一)作物产量提高与化肥施用不协调

从第二次土壤普查至今，农民的种田积极性逐渐提高，粮食单产在增加，化肥用量在增大，施肥结构也在逐渐调整，但与作物摄取量明显不协调(表 7-7、图 7-4 和图 7-5)。

表 7-7 鄄城县 1980～2009 年化肥及粮食粮食产量统计表

年份	化肥用量(折纯吨)				粮食产量	单产
	N	P_2O_5	K_2O	$N:P_2O_5:K_2O$	总产(吨)	(kg/hm^2)
1980	4009	0	0		48110	3695
1985	7098	795	0	1∶0.112∶0	502025511	
1990	17459	4032	37	1∶0.321∶0.002	310338	9731
1995	13041	4264	744	1∶0.327∶0.058	382137	10841
2000	1725	8019	3526	1∶0.465∶0.207	377088	11432
2005	19989	6520	3928	1∶0.326∶0.198	403565	10605
2009	20787	6160	2810	1∶0.296∶0.136	462963	12078

郓城县典型的种植模式是小麦—玉米，小麦、玉米吸收氮、磷、钾的比例大体为3∶1～1.5∶3～4和3∶1∶2，从表7-7可以看出，郓城县化肥施用比例与典型的种植制度下作物的摄取量不协调，钾素供应水平优显不足。

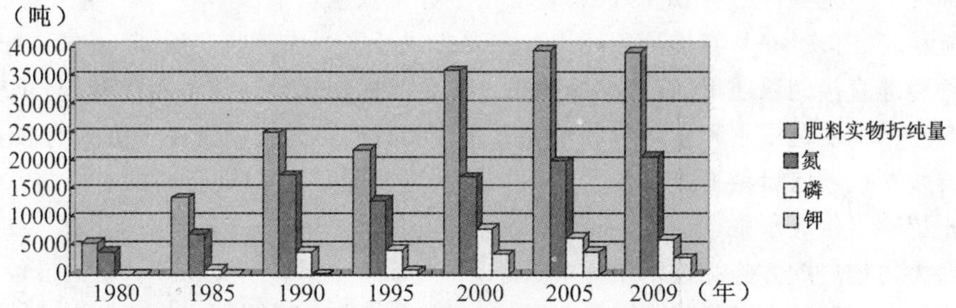

图7-4　郓城县1980～2009年化肥用量（吨/年折纯量）变化趋势图

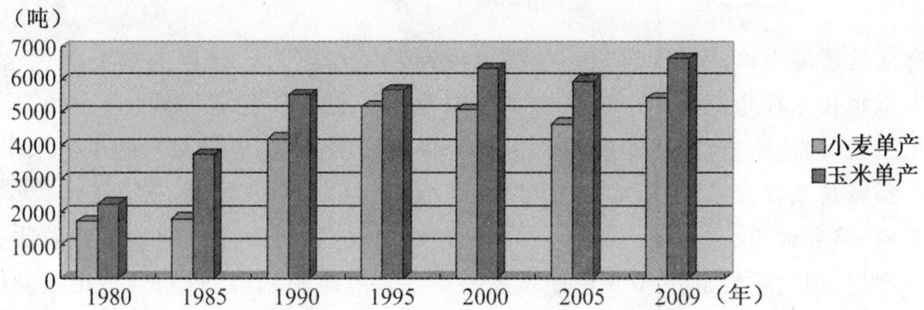

图7-5　郓城县1980～2009年粮食单产（kg/hm²）变化趋势图

（二）有机肥施用少

据2006年调查，粮田施用有机肥的只有22.87%，全县平均施用量为5700kg/hm²，2006年以后，秸秆还田技术虽然得到了广泛的推广和应用，这对提高土壤有机质含量和耕层土壤的供钾能力起到了一定作用，但远远不能满足粮食产量的提高对土壤钾素摄取量增加的要求。

（三）农民的用肥技术落后于农业生产的发展

经调查分析，农民在购肥决策上，依据肥料价格的占60%～75%，依据广告宣传的占20%～25%，按N、P、K养分含量的仅占10%左右。农民确定施肥量，依据地力的占30%，依据习惯的占70%。农民"重用地、轻养地，重氮磷肥、轻钾肥"的传统施肥习惯与农业生产条件改善、粮食产量大幅度提高的生产实际不适应，因此，应进一步加大科学施肥技术的宣传、推广力度，提高全县农民群众的科学施肥素质，增强耕层土壤钾素供应能力，平衡土壤养分供应。

三、提高全县耕层土壤养分——钾供应能力的措施

（一）增施有机肥料，实施秸秆还田，提高土壤有机质的含量，改善耕层土壤钾素供应水平

有机肥料中含有丰富的有机物质、作物生长发育必需的多种养分和较多的腐殖质。

增施有机肥料，能改善土壤团粒结构，对调节水、肥、气、热的矛盾有重要作用，可使土壤疏松易耕，提高土壤保温、保水、保肥性能；另外，有机肥料能改善土壤微生物的活动状况，从而促进有机质的分解、转化和积累。所以增施有机肥料，一方面可以使土壤中钾源增加，另一方面促进了土壤钾的有效性，改善耕层土壤钾素供应水平。

实施秸秆还田。一是直接翻压还田。主要方式是玉米成熟收获后，将玉米秸秆粉碎，结合秋种整地直接翻压还田，直接翻压还田一定要与标准化整地技术相配套，防止或避免因土壤悬空吊死麦苗或不利于培育壮苗。二是作物行间覆盖还田。主要方式有收麦留高茬和联合收割机收麦后秸秆直接覆盖田间。秸秆还田是增施有机肥料的有效方法，能改善耕层土壤钾素供应水平。

（二）大力推广配方施肥技术

推广配方施肥技术对培养农民科学施肥素质，提高肥料利用率，降低购肥成本，保障农产品的质量安全，加强耕地质量建设以及实现农业可持续发展等都具有及其重要的作用。

综合全县耕层土壤速效钾含量及分级评价和农民在施肥上存在的主要问题，提出鄄城县配方施肥技术在化肥使用上应广泛宣传普及“灵活用氮、稳定增磷、全面补钾和有针对性施用微肥”的施肥方法，以平衡耕地的养分供应，改善耕层土壤钾素的供应水平。

根据鄄城县粮食产量水平和耕层土壤供肥能力，目前，推广配方施肥技术，应注重做到增施肥料，培养地力。“当前土壤矿质养分含量的整体状况是多数地块多种矿质养分含量在缓慢增加，但远不能满足农业迅速发展的需要。氮肥施用时间最长，施用量的增加速度最快，土壤中有了一定的储备，但氮素是作物吸收量最大的元素，也最容易损失，故不但不能减少，还应稳定增加施用量；磷肥虽然也已推广二十多年，但增长速度远不如氮肥快，缺磷仍是低产的主要限制因子；钾含量不足的土壤数量在逐年增加，对作物产量的影响逐渐增大。因此，对化肥的施用从整体上说应是稳定增长氮肥施用量，迅速增加磷、钾肥施用量，因地制宜适当增加微量元素用量，以促进土壤矿质养分的平衡供应。”（摘自山东省土壤肥料工作站.《山东土壤》. 中国农业出版社，1994 年）。

鄄城县典型的种植模式是小麦—玉米，2009 年粮食单产达到了 12078kg/hm²，并且 15000kg/hm² 以上的地块在乡镇甚至村组开始出现，粮食单产再提高的空间较大，因此，在化肥的施用上应注重稳定增长氮、磷肥施用量，迅速增加钾肥施用量，以促进土壤矿质养分的平衡供应，满足粮食高产对土壤矿质养分的需求。

（三）正确施用钾肥

钾在土壤中的移动性较小，但在作物体内移动性和再利用能力较强，同时，在土壤干湿交替的条件下，钾易被固定。因此，钾肥宜做基肥施在较深的土层，以减轻其被土壤固定，而易被作物吸收利用，更好地发挥肥效。作追肥时要早追，要将钾肥施在根系密集的土层中。钾肥用量可根据耕层土壤速效钾含量和作物目标产量而定，作物目标产量越高，耕层土壤速效钾含量越低，施钾量越多，反之可少些。根据鄄城粮食作物产量水平和耕层土壤速效钾含量状况，钾肥的用量范围（纯量）一般为 75～135kg/hm²。

钾肥在小麦上的应用。在目前小麦产量水平下（12000～15000kg/hm²），小麦从土壤中摄取的钾素大约为 210～262kg/hm²，小麦缺钾症状在拔节孕穗期最为明显，表现为植株矮化，拔节推迟，植株松散，茎秆机械组织发育不良，抽穗推迟，开花后叶片易出现枯黄早衰，病害重、易倒伏，高氮地块更易促发小麦缺钾。钾肥和磷肥一样，一般用作基肥全部底施，另外，在小麦生长后期，叶面喷施 0.3%～0.4%的磷酸二氢钾溶液，对促进光合作用、加强籽粒形成有重要作用。

钾肥在玉米上的应用。钾对玉米生长发育以及代谢作用的影响是多方面的，如对根系的发育，特别是须根的形成、体内淀粉合成、糖分运输、抗倒伏、抗病害都起着重要作用。玉米缺钾，生长缓慢，叶片黄绿色或黄色，首先是老叶边缘及叶尖干枯，呈灼烧状是其突出的标志。缺钾严重时，生长停滞，节间粗短，植株矮小，果穗发育不正常，常出现秃顶，籽粒不饱满，粒重减轻，易倒伏。鄄城主要种植夏玉米，施肥重点掌握两个时期：一是拔节期追肥，又称攻秆肥，这次施肥是为了满足玉米拔节期间植株生长快，对营养需要日益增多的要求，达到茎秆粗壮的目的，但又要注意不要营养生长过旺，基部节间过分伸长，以免造成倒伏，所以要稳施拔节期肥。一般每亩追施复合(混)肥 7～10kg，套种玉米拔节期追肥又能促进果穗发育，避免空棵发生。二是大口期追肥，此时植株出叶呈现大喇叭的形状，所以，此期追肥群众称为大喇叭口期追肥，是促进雌穗小花分化、达到穗大粒多、实现高产增收关键一肥，所以也叫攻穗肥，攻穗肥一般应重施，每亩追施尿素 25～30kg，过磷酸钙 5～10kg，氯化钾 3～5kg，或者施用氮∶磷∶钾为25～26∶5～7∶8～10的复合(混)肥 25～50kg。

第八章　测土配方施肥技术

测土配方施肥是以土壤养分测试和肥料田间试验为基础，根据作物需肥规律、土壤供肥性能和肥料性质及肥料利用率，在合理施用有机肥料的基础上，提出氮、磷、钾及中、微量元素等肥料的施用品种、数量、施肥时期和施用方法，以满足作物均衡地吸收各种营养，同时维持土壤的肥力水平，减少养分流失和对土壤环境的污染，达到高产、优质和高效的目的。推广配方施肥技术对培养农民科学施肥习惯，提高肥料利用率，降低购肥成本，保障农产品的质量安全，保护耕地质量以及实现农业可持续发展等都具有及其重要的作用。

第一节　配方施肥技术的理论依据

一、土壤肥力是决定作物产量高低的基础

很多资料表明，在环境条件和栽培管理措施相对一致时，作物产量中有 1/2～2/3 来自于地力，可见加强耕地资源管理、培育耕地地力，是实现作物高产增收的基础。

二、用地与养地相结合

土壤中的养分储量是有限的，作物的生长发育要不断地消耗土壤养分，随着作物的每次收获，必然要从土壤中带走大量养分，因此，必须以施肥的形式向土壤归还作物所带走养分，才能保证土壤利用的可持续性。正确处理好土地投入与产出、用地与养地的关系是配方施肥技术研究的重要课题，也是提高作物产量、改善作物品质、维持和提高土壤肥力的重要措施和实现农业生产可持续发展的重要保证。

三、最小养分律

作物产量的高低，取决于土壤中相对作物需要量而言含量最低的养分—最小养分，如果无视这种最小养分，其他养分含量再高，作物产量也难以提高，而只有增加最小养分含量(施肥上的缺什么补什么)，产量才能继续提高。所以，有针对性地解决好限制提高当地作物产量的最小养分，协调各营养元素之间的比例关系，实现氮、磷、钾及中微量元素肥料的配合施用，发挥各养分间的相互促进作用，是配方施肥技术的重要依据。

四、肥料报酬递减律

在同一生产条件下，作物产量随施肥量的增加而增加，但单位施肥量的增产量则是逐

渐递减的。生产中确定最经济的肥料用量，以达到最大的效益——实现增产、增收是配方施肥技术的核心。

第二节　土样采集与化验

土样采集是测土配方施肥的基础，如果采样不准，就从根本上失去了配方施肥的科学性。采样的要求：地块选择以及采集的土样要有代表性。采样时间：大田土样在秋收后，果园在果品采择后，菜地一般在6月。采样深度：一般大田0～20cm，果园0～40cm。同时，要详细记录采样地块的土壤类型、管理措施、生产能力等基本要素。

一个土样采样点一般10个以上，保留混合土样500～1000g。

土样化验就是土壤诊断，一般由县土肥站进行。用于指导大田生产一般化验常规五项：碱解氮、有效磷、速效钾、有机质和pH。碱解氮、有效磷、速效钾是体现土壤肥力的三大标志性营养元素，有机质、pH体现出土壤综合肥力状况。关于土样采集与化验方法，可参阅第三章。

第三节　配方施肥常用肥料

一、有机肥料

（一）有机肥的作用和特点

有机肥料是指利用各种有机废弃物，加工积制而成的含有大量有机物的肥料，主要包括粪尿肥、堆沤肥、绿肥、秸秆、饼肥和商品有机肥等。

有机肥的作用：一是养分含量全、肥效持久，能提供作物生长发育所必须的多种营养元素，促进作物生长；二是可以为作物直接提供易被吸收利用的氨基酸等有机态分子，提高作物产量，改善农产品品质；三是有机肥含较多的腐殖质，能改善土壤的团粒结构，对调节土壤水、肥、气、热的矛盾起重要作用，可使土壤疏松易耕，提高土壤保肥、保水性能；四是有机肥改善了土壤的理化性状，增加了土壤对养分的吸附能力，能减少肥料的淋溶和挥发，同时，在有机质分解过程中，产生许多有机酸，能促进化学肥料中一些难溶性养分的溶解，提高化肥的有效性；五是有机肥促进微生物的活动，能分解土壤中的污染物，具有解毒作用，能够净化土壤环境。有机肥料的缺点是养分含量低、释放慢，生产中必须配施化肥，才能实现高产。

（二）有机肥的种类、性能及使用

1.人粪尿。人粪尿和其他有机肥料比，养分含量高（含氮多，磷、钾少），肥效快，易腐熟。人粪尿掺和干细土、碎秸秆堆沤腐熟，既能减少养分损失，又能有效控制和减少病菌、虫卵的传播。人粪尿适用于各种土壤和一般作物，尤其是叶菜类和禾谷类粮食作物效果更显著，忌氯作物不宜使用，可用作基肥、追肥和种肥。

2.家畜粪尿和厩肥。家畜粪尿是指猪、马、牛、羊等家畜的排泄物，厩肥是指以家畜粪尿为主，加上各种垫圈物混合积制而成的肥料，也叫圈肥。马、羊粪中含较多的纤维素，粪质疏松多孔,含水量少,通气良好,腐熟分解快,发热量大,称“热性肥料”,常用作温床嚷热材料,用来提高土壤温度;牛、猪粪则相反,粪质细密,通气性差,分解缓慢,发热少,称“凉性肥料”。新鲜厩肥经过堆积和腐熟可以促进养分分解,并在一定程度上杀死其中的病菌、虫卵和杂草种子;但腐熟度较差的厩肥在土壤中的进一步分解则有助于改良土壤。

3. 禽粪。禽粪是鸡、鸭、鹅、鸽粪的总称,有机质和氮、磷、钾养分的量都较高,如鸡粪含氮1.63%,含磷1.51%,含钾0.85%,是家畜粪肥的3～5倍以上,禽粪中的氮素主要是尿酸盐类,不能直接被作物吸收利用,还对作物根系生长有害,必须堆沤腐熟后才能施用,腐熟后的禽粪可以做基肥、追肥或种肥。

4. 沼气肥。沼气肥是有机废弃物料在嫌气密闭的环境中发酵,制取沼气后剩下的沉渣和发酵液。

发酵后的沉渣称沼气肥,沼气肥富含腐殖质,全氮、碱解氮和速效磷含量都较高,速效、迟效养分兼备,一般用作基肥。发酵液也称沼气液,含氮、磷、钾速效养分较多,一般用作追肥,可结合灌水施用,用量为1500～2500kg/667m^2。沼气肥由于经过严格的嫌气发酵,病菌、虫卵和杂草种子多数被杀死,清洁卫生,是生产绿色农产品的上好有机肥。

5. 饼肥。饼肥是指各种含油分较多的种子,经榨油后剩下的残渣。饼肥富含有机质和氮素,并含有相当数量的磷、钾和微量元素,适用于多种作物和土壤,可做基肥、追肥,不宜做种肥。饼肥组织致密呈块状,不易粉碎,通气性差,肥效分解慢,所以,做基肥时应粉碎以增加与土壤的接触面积;做追肥时应堆闷腐熟,以提高饼肥的有效性。

6. 绿肥。绿肥是指作为肥料利用而专门栽培的作物,是重要的有机肥源。绿肥有固氮、富集磷钾等矿质养分的作用;绿肥能增加和更新土壤有机质,提高土壤肥力,改良土壤理化性质;绿肥作物是很好的青饲料,更适宜过腹还田。种植绿肥作物有因地制宜、插空种植、投资少、见效快、肥效好的优点,发展绿肥是生物养田的一条重要途径。

7. 作物秸秆。作物秸秆不经腐熟直接还田,具有补充土壤有机质含量,增加土壤养分,增强土壤微生物活性促进团粒结构形成的作用,有利于改良土壤结构。作物秸秆碳氮比大,分解初期,往往会使作物缺氮,为了解决作物幼苗与微生物争氮的矛盾,秸秆直接还田时应配施一定数量的速效氮肥。

二、化学肥料

(一)化学肥料的作用和特点

化学肥料是指在工厂里用化学方法制成的或者用天然矿物生产的肥料,也称化肥。化肥有养分含量高、肥效快,便于储存、运输和施用等优点,但化肥养分单一、肥效不能持久、长期单独使用会使土壤板结。所以,要十分注意合理施肥和经济用肥,做到化肥与有机肥配合使用,使化肥在农业生产中发挥更大的作用和效益。

化肥按所含养分种类不同分为氮肥、磷肥、钾肥、复(混)合肥和微量元素肥料等。

(二)常用化肥的种类、性能及使用

1. 氮肥——碳酸氢铵和尿素。碳酸氢铵简称碳铵,含氮(N)17%左右,外观为白色细粒结晶,有强烈刺鼻气味,易溶于水,是速效氮肥。水溶液呈碱性,吸湿性强,易结块。性质不稳定,常温下易分解出氨气、二氧化碳和水,温度越高,湿度越大,分解越快,使用时要

做到深施严盖，切忌撒施地表，以免造成氮素损失和损伤茎叶。碳铵中的铵离子和碳酸根离子都能被作物吸收，在土壤中不残留副成分，长期使用不会对土壤产生不良影响，适于各种作物和土壤。

尿素含氮(N)46%左右，外观为白色结晶，易溶于水，水溶液呈中性。农用尿素呈颗粒状，在造粒过程中会产生缩二脲，缩二脲对作物生长有抑制作用，所以，尿素不能做种肥和苗肥。尿素施入土壤中，以分子态溶于土壤水分中，必须在土壤脲酶作用下转化为铵态氮，才能被作物吸收，所以，使用尿素追肥时，一要深施盖严，二要提前几天施用，三不能立即灌水。尿素是生理酸性肥料，适于各种作物和土壤，可用作基肥、追肥，做种肥时用量不宜太多(一般 2.5kg/667m^2 左右)，并做到种肥分开。

2. 磷肥——过磷酸钙和钙镁磷肥。过磷酸钙简称普钙，含有效磷(P_2O_5)14%～20%。过磷酸钙外观为深灰色、灰白色粉末，稍有酸味，其水溶液呈酸性反应，具有吸湿性和腐蚀性。过磷酸钙受潮，其有效磷与硫酸铁、铝作用生成难溶性的磷酸铁、铝，降低磷的有效性，这一过程称为过磷酸钙的退化作用，因此，储运时应注意防潮。过磷酸钙施入土壤后，易与土壤中的钙、铁、铝离子反应，转变为难溶性的磷酸盐，降低磷的有效性，所以，过磷酸钙应集中施在作物根系附近，以利于根系吸收，减少磷的化学固定。过磷酸钙适于各种作物和土壤，可用作基肥、种肥，也可用于早期追肥和生长后期根外施肥。

钙镁磷肥含有效磷(P_2O_5)14%～20%。呈灰白色、灰绿色或灰黑色粉末，碱性，不吸湿，不结块，不腐蚀。钙镁磷肥除供应磷素外，还能提供钙、镁、硅等元素。肥效不如过磷酸钙快，但后效较长。钙镁磷肥碱性，在鄄城耕地上(石灰性土壤)使用效果较差，可与有机肥一起堆沤后施用。钙镁磷肥适合做基肥，一般不做追肥。

3. 钾肥——硫酸钾和氯化钾。硫酸钾含(K_2O)50%～52%，白色结晶，含杂质时为淡黄色结晶，味苦而咸，易溶于水，化学中性、生理酸性肥料，物理性状好。硫酸钾施入土壤后，分解出钾离子和硫酸根离子，均可被作物吸收。硫酸钾适于各种作物和土壤，可用作基肥、追肥、种肥和根外施肥。硫酸钾较氯化钾价格较高，所以，硫酸钾应优先用于忌氯作物上，对油菜、薯类、瓜类、葱、蒜等作物效果更显著。

氯化钾含(K_2O)50%～60%，白色结晶，有时稍带黄色或紫红色，物理性状好，易溶于水，水溶液中性，是生理酸性肥料。施入土壤后，分解出钾离子和氯离子，钾离子可直接被作物吸收，也可吸附保存在土壤胶体上，不流失。可用作基肥、追肥，不宜做种肥和根外施肥，不宜在盐碱地上施用。棉、麻等纤维作物施用氯化钾，具有提高产量和品质的双重效果。

4. 复(混)合肥——磷酸二铵、硝酸磷肥、磷酸二氢钾。复(混)合肥料是指氮、磷、钾三种养分中，至少有两种养分标明量的化学肥料，其有效养分含量一般用氮(N)-磷(P_2O_5)-钾(K_2O)的含量百分数表示，氮、磷、钾含量百分数的总和即为肥料的总养分含量。如"15-15-15"表示含氮(N)15%，含磷(P_2O_5)15%，含钾(K_2O)15%，总养分含量为45%。

磷酸二铵简称二铵，养分含量为 18-46-0，白色结晶，农用二铵为棕褐色颗粒，稳定性稍差，在高温、高湿条件下常用氨气挥发，生理中性，水溶液呈碱性。磷酸二铵是一种高浓度的速效肥料，适用于各种作物和土壤，特别适用于喜铵需磷的作物，作基肥或追肥均可，宜深施，干旱少雨时做基肥、追肥优于其他磷肥。

硝酸磷肥养分含量随原料和制造方法不同而有所差异，其中含氮和五氧化二磷的比例接近 1：1，硝态氮和铵态氮各占一半，水溶性磷占 50%～70%，其他为弱酸溶性磷，硝酸磷肥为深灰色，中性，有一定的吸湿性，多造成颗粒状。适用于各种作物和土壤，主要用作基肥、或者早期追肥。

磷酸二氢钾养分含量为 0-52-34，白色结晶，溶于水。水溶液呈酸性，吸湿性小，多用于根外施肥（目前，市场上的磷酸二氢钾多为掺混肥，不是真正的二氢钾，但叶面喷施有一定效果）。

5. 微量元素肥料微量元素肥料包括硼、锌、钼、锰、铁、铜等营养元素，它们在作物体内含量很少，但在保证作物正常生长发育方面所起的作用与大量营养元素是同等重要的，当作物体内缺乏任何一种微量元素时，作物的生长发育将受到抑制，甚至发生病变，如缺锌、玉米白化苗、果树小叶病，缺硼，花而不实，花生、大豆空壳（荚）等，导致作物品质下降、产量降低。多数微量元素既是营养元素，又是重金属，如锌、锰、铜等，一旦施用过量，极易污染环境，有碍人畜健康。所以，微量元素肥料的使用以叶面喷施为好，喷施浓度为硼酸或硼砂 0.02%～0.1%，硫酸锌 0.05%～0.2%，钼酸铵 0.05%～0.1%，硫酸锰 0.1%～0.2%，硫酸亚铁 0.2%～1.0%，硫酸铜 0.02%～0.1%。微量元素肥料做基肥施用时，一要掺土撒匀，二要控制用量，如硼砂 0.5kg/667m^2、硫酸锌 0.5～1kg/667m^2。

第四节 主要农作物配方施肥技术

综合鄄城县的耕地耕层主要养分分级见表 8-1 和表 8-2。结合鄄城县耕地地力评价，提出鄄城县配方施肥原则：一是增施有机肥料，实施秸秆还田，提升土壤有机质含量，不断培育耕地地力；二是宣传普及灵活用氮、稳定增磷、全面补钾和有针对性施用微肥的施肥方法，以平衡耕地的养分供应；三是大力推广高浓度复合（混）肥，示范推广新型肥料（缓、控释肥），推广正确的施肥方法，提高养分利用率。配方施肥的技术核心是“合理的养分配比＋合适的施肥数量＋恰当的施肥时期＋正确的施肥方法”。

一、小麦配方施肥技术

小麦对氮、磷、钾三要素的吸收量因品种、气候、生产条件、产量水平、土壤和栽培措施不同而有差异，大致每生产 100kg 籽粒需吸收 N 约 3kg，P_2O_5 1～1.5kg，K_2O 3～4kg，三者的吸收比例为 3：1：3。随着产量的提高，对氮、磷、钾的吸收比例也相应提高。小麦氮素的吸收有两个高峰阶段：一是出苗到拔节阶段（越冬期和返青期），吸收氮素占吸氮总量的 40%左右；二是拔节到孕穗阶段，占吸氮总量的 30%～40%。小麦在分蘖期吸收磷素和钾素分别占各自吸收总量的 30%左右，拔节以后吸收速度急剧增长。磷素在孕穗到成熟期吸收最多，约占总吸收量的 40%，钾素的吸收以拔节到孕穗开花阶段最多，占总吸收量的 60%左右，到开花时对钾素的吸收达到最大量。

根据冬小麦的生育规律和营养特点以及鄄城县耕地耕层养分含量，小麦配方施肥技术建议施肥量见表 8-3。

小麦的基肥应以农家肥为主，配合施用化肥。农家肥一般每亩施 2000～5000kg；氮素可根据肥力高低每亩施尿素 10～15kg 或碳酸氢铵 30～50kg；磷肥每亩施过磷酸钙或钙镁磷肥 50～70kg，最好与农家肥混合或堆沤后施用；缺钾土壤每亩施氯化钾 5～10kg，或者施用 N：P：K 为 14～16：17～20：7～10 的复合(混)肥 40～50kg。

表 8-1 各乡镇耕地耕层主要养分分级比例

单位	有机质				碱解氮					有效磷			速效钾				
	2	3	4	5	3	4	5	6	7	5	6	7	4	5	6	7	8
吉山	6.52	53.6	29.0	11.0	25.3	42.9	30.1	1.1		75.8	15.7	8.84	3.4	14.2	45.3	31.8	5.4
左营	8.70	40.0	25.4	26.1	16.3	37.5	40.0	6.3		74.3	17.4	8.3	21.6	19.4	31.3	20.1	7.5
董口	24.2	32.2	29.5	14.1	31.4	24.4	25.6	15.1	3.5	62.7	26.0	11.3	20.0	19.2	43.2	14.4	3.2
临卜	37.4	35.5	15.9	11.2	40.8	25.0	22.4	11.8		68.5	14.8	16.7	36.0	9.9	32.4	16.2	5.4
什集	14.6	50.3	27.8	7.3	39.7	40.4	17.0	2.8		68.4	25.7	5.9	2.0	3.2	40.7	44.0	10.0
郑营	20.9	30.9	27.3	20.9	26.8	39.4	22.5	11.3		78.4	13.5	8.1	3.4	10.7	52.4	31.5	2.0
引马	22.1	31.6	31.6	14.7	43.3	46.2	11.5			72.7	20.2	7.1	4.2	7.3	41.7	41.7	5.2
闫什	17.3	62.0	17.3	3.3	46.8	34.2	13.9	5.1		71.9	21.2	6.9	3.8	8.7	49.0	33.6	5.4
红船	20.0	42.7	20.0	17.3	50.6	24.7	23.5	1.2		79.7	17.5	2.8	10.3	8.2	52.1	26.7	2.7
大埝	53.4	36.4	8.5	1.7		73.1	26.9			71.6	25.9	2.6	33.3	26.0	27.1	13.6	
旧城	13.5	41.9	35.1	9.5	26.0	20.8	24.7	18.2	10.4	76.8	15.2	8.0	15.3	23.3	35.8	20.0	5.8
凤凰	10.8	57.9	23.9	11.5	13.0	44.2	22.1	10.4	10.4	82.6	13.6	3.8	6.9	13.0	42.8	31.3	6.1
富春	36.0	43.0	17.0	4.0	31.5	37.0	18.5	11.1	1.9	83.0	11.0	6.0	13.8	21.3	42.6	17.0	5.7
彭楼	14.2	44.3	26.4	15.1	25.0	28.9	26.9	7.7	11.5	76.6	13.1	10.3	1.0	5.4	20.5	61.6	11.6
李进	10.5	35.1	43.4	14.0		29.4	25.5	29.4	15.7	59.3	30.5	10.2	14.6	16.4	40.9	24.5	3.6
鄄城	15.0	49.0	29.9	6.1	1.2	13.8	50.0	22.6	2.4	66.9	20.0	13.1	6.1	12.3	52.4	25.2	4.0

表 8-2 鄄城县耕地耕层主要养分分级

级别	1	2	3	4	5	6	7	8
有机质占耕地(%)		3.03	68.26	27.92	0.8			
碱解氮占耕地(%)			10.24	57.28	30.91	1.52	0.06	
有效磷占耕地(%)					87.61	12.22	0.18	
速效钾占耕地(%))				4.27	18.65	60.54	16.01	0.07

表 8-3　　小麦配方施肥建议(供参考)

目标产量(kg/667m²)	N	P_2O_5	K_2O
<400	12～14	7～8	3～4
400～500	14～16	8～10	4～5
>500	16～18	10～12	5～6

注:N 基施、追施各 50%。

种肥在播种时可以少量施用,每亩施用尿素 2～3kg 或硫酸铵 5kg 和过磷酸钙 5～10kg。种子和化肥最好分别播施。碳酸氢铵不宜作种肥。

返青期追肥,多用于肥力较差、基肥不足、冬前分蘖少、生长弱的麦田,每亩施碳酸氢铵 15～20kg 或尿素 5～7kg,应深施 5cm 以上,以促进弱苗升级。

拔节期追肥,一般麦田可结合浇水每亩施碳酸氢铵 20～30kg 或尿素 10～15kg,过磷酸钙 5～10kg,氯化钾 3～5kg,或者施用 N∶P∶K 为 25～26∶5～7∶8～10 的复合(混)肥 20～30kg。

孕穗期追肥,主要是高产麦田施偏肥,一般可掌握每亩施尿素 7～10kg。

后期追肥,一般用根外追肥法,可结合防病、治虫进行(一喷三防)。对有脱肥早衰现象的麦田,可每亩喷施 1%～2%浓度尿素 50L;对有贪青晚熟趋势的麦田,可每亩喷施 0.2%浓度的磷酸二氢钾 50L。

二、夏玉米配方施肥技术

玉米是需肥水较多的高产作物,一般随着产量的提高,所需营养元素也在增加。玉米全生育期吸收的主要养分中,以氮最多、钾次之、磷较少,每生产 100kg 需吸收 N 2.5～2.7kg,P_2O_5 1.1～1.4kg,K_2O 3.2～3.8kg,三者比例为 1∶0.36∶0.95。玉米幼苗生长慢,吸收也少,拔节期到开花期生长加快,吸收氮素占总吸收量的 44.88%,穗期吸收氮素占总吸收量的 32.31%,之后养分吸收减慢。根据玉米的生育规律和营养特点以及鄄城县耕地耕层养分含量,玉米配方施肥技术建议施肥量见表 8-4。

表 8-4　　玉米配方施肥建议(供参考)

目标产量(kg/667m²)	N	P_2O_5	K_2O
<400	10～12	0	3
400～500	12～14	1.5	5
500～600	14～16	3	7
>600	16～18	3～4	7～9

玉米缺氮,株型细瘦、叶色黄绿、穗小、粒少、产量降低。

玉米缺磷,幼苗根系发育不良、生长缓慢、叶色紫红,后期表现为粒行不整齐、果穗成熟推迟或者不能正常成熟,影响产量。

玉米缺钾，生长缓慢、老叶边缘及叶尖干枯呈灼烧状，果穗秃顶，易倒伏。

拔节期追肥，又称攻秆肥，这次施肥是为了满足玉米拔节期间植株生长快，对营养需要日益增多的要求，达到茎秆粗壮的目的，但又要注意不要营养生长过旺，基部节间过分伸长，造成倒伏，所以要稳施拔节期肥。一般每亩追施复合(混)肥 7～10kg，套种玉米拔节期追肥又能促进果穗发育，避免空棵发生。

大口期追肥，此时植株出叶呈现大喇叭的形状，所以，此期追肥群众称为大喇叭口期追肥，是促进雌穗小花分化，达到穗大粒多，实现高产增收关键一肥，所以也叫攻穗肥，攻穗肥一般应重施，每亩追施尿素 25～30kg，过磷酸钙 5～10kg，氯化钾 3～5kg，或者施用氮：磷：钾为 25～26：5～7：8～10 的复合(混)肥 25～50kg。

抽雄期追肥，其作用是养根保叶、防止玉米后期脱肥早衰，以延长后期绿叶的功能期，提高粒重，所以也叫攻粒肥，一般可结合浇水(趁下雨)每亩撒施尿素 7～10kg。

三、蔬菜配方施肥技术

蔬菜栽培的集约化程度较高，不同种类的蔬菜生长周期差异很大，单位面积生物量大且复种指数高，因此，对肥料的需要量也就相当大。与大田作物相比，大多数蔬菜属于浅根系作物，它们对水肥的依赖程度高，因此需要经常灌溉和施肥，以保证其正常生长和高产。

蔬菜在生长初期生长速度较慢，进入生长中期以后生长速度明显加快，而到末期接近采收时生长速度又下降。

氮素推荐指标体系是建立在维持合理的根层无机氮供应数量的基础上，实现土壤—蔬菜作物体系中氮素总平衡。氮素的推荐受土壤氮素、肥料氮素及环境氮素输入的影响，又决定着蔬菜对氮素吸收及氮素向环境的输出量，因而，氮素的推荐量是协调蔬菜高产与减少环境氮素的关键点。

影响氮素供应目标值的因素：蔬菜的氮素供应目标值是根据平衡施肥的原则，主要满足推荐期间蔬菜氮素的吸收数量、推荐期间蔬菜正常生长所必需的根层土壤无机氮数量(以 kg/hm^2 表示)，以及推荐期间土壤－蔬菜体系中不可避免的氮素损失。

整个生育期的氮肥需要总量因氮素供应目标值和土壤无机氮的数量而定，同时要考虑蔬菜对氮素的需求特征和土壤养分供应。

氮素供应目标值在一个特定地区环境下，对栽培模式固定的一种蔬菜来说应该是一个固定值。但由于品种及栽培条件、管理措施的差异，同一种蔬菜的氮素供应目标值可能有很大差异，而同一蔬菜在不同生长季节中的氮素需求也有一定的差异，因而氮素供应目标也有所不同。目标产量越高，蔬菜的氮素供应目标就越大；而在同样的目标产量情况下，畦灌条件下由于不可避免的氮素损失较高，因此蔬菜的氮素供应目标值往往高于滴灌条件。蔬菜生长期越长，氮素供应目标值越大(表 8-5)。

表 8-5 蔬菜产量与对应的推荐氮素供应目标值(供参考) 单位:(t/hm²)

蔬菜种类	种植方式	目标产量		地上部氮磷钾带走量			氮素供应目标值
		经济产量	生物产量	氮	磷	钾	
大白菜	露地	90～120	90～120	216～288	78～87	167188	300～375
结球甘蓝	露地	60～90	112～169	237～356	51～77	267～401	300～375
花椰菜	露地	22～37	112～187	273～455	68～113	238～398	375～450
菠菜	露地	27～60	37～60	105～168	45～72	156～249	240～300
芹菜	露地	75～105	75～105	165～231	87～122	290～405	300～375
生菜	露地	15～30	15～30	31～63	11～21	48～96	225～270
胡萝卜	露地	45～60	69～93	152～201	54～72	392～522	240～300
萝卜	露地	60～90	93～139	156～234	81～122	510～764	300～375
番茄	露地	60～75	187～234	146～182	105～131	289～362	450～525
番茄	保护地	90～120	280～375	218～288	156～209	434～579	600～675
茄子	露地	45～60	93～125	165～219	39～51	197～261	450～525
茄子	保护地	75～105	156～219	275～384	64～90	327～458	600～675
甜椒	露地	45～60	117～158	201～267	48～63	287～381	450～525
甜椒	保护地	60～75	157～197	267～334	63～80	381～477	600～675
黄瓜	露地	60～75	99～122	204～255	57～72	270～338	525～600
黄瓜	保护地	120～180	200～300	408～612	114～171	540～810	675～900

注:其中番茄果实占总生物量的 32%,茄子果实占总生物量的 48%,甜椒果实占总生物量的 38%,黄瓜果实占总生物量的 60%,萝卜和胡萝卜收获部分占生物量的 64%,甘蓝收获部分占总生物量的 53%,花椰菜收获部分占总生物量的 20%。目标产量指目标经济产量,在华北及山东地区作为中上等产量水平,但由于蔬菜种类的差异,目标产量可能存在很大的差别,因此各地在应用目标值进行试验验证时应充分考虑这一点。

土壤对磷、钾元素的供应通常有很大的缓冲性,因此,使用时不需要同氮素那样非常精确,可以根据土壤有效磷、速效钾的测定值分组并考虑蔬菜带走量进行施肥(表 8-6)。

表 8-6 菜园土壤地力分级及磷钾肥供应推荐指标(供参考)

露地(磷)(mg/kg)	保护地(磷)(mg/kg)	钾(mg/kg)	地力分级	相应的磷钾推荐量
0～20	0～50	0～80	低	带走量的 1.5～2.0 倍
20～60	50～120	80～150	中	带走量的 0.8～1.5 倍
>60	>120	>150	高	带走量的 0.0～0.8 倍

磷钾肥的推荐指标与大田作物相似,但是考虑到蔬菜种类繁多、产量水平差异很大,因此,土壤磷钾推荐指标范围以及磷钾肥的推荐量要根据蔬菜种类、栽培措施等情况通过试验验证后,方可大面积应用。

蔬菜田施肥方法主要根据蔬菜的生长发育特点合理分配肥料,做到少量多次施肥,严格控制灌水,减少养分损失。

第九章　农田节水技术

鄄城县属暖温带半湿润大陆性季风气候，四季分明，气温适中，光照充足，雨热同季。春季气温回升快，干热多风；夏季炎热多雨，7、8、9月三个月降雨量占全年的60％～75％；秋季晴朗少雨，冷暖适宜，阳光充足；冬季寒冷干燥，多风少降水。年平均降水量为589.2mm，蒸发量为1932.5mm，蒸发量远大于降水量是本县气候条件的重要特点。

掌握主要农作物的需水规律，不断改进和推广农田节水技术，是加强耕地质量建设、实现农业可持续发展的重要研究课题。

第一节　主要农作物需水规律

一、冬小麦需水规律

冬小麦是鄄城县的主要农作物之一，多在10月上中旬播种。据测定，每生产1千克小麦籽粒约耗水1200千克。其中30％～40％为土壤蒸发，60％～70％为叶面蒸腾。冬小麦不同生育时期的需水量主要与气候条件及小麦不同时期对水分的要求有关。在不同的产量水平下，需水量随着产量的提高略有增加。小麦一生对水分的要求一般趋势是：苗期少，苗期正处在秋冬春气温比较低的季节，苗小叶少，因而田间蒸腾均小，需水量也少，从播种到拔节初期将近五个半月的时间内，耗水量仅占总耗水量的1/3左右；小麦拔节后，一方面由于气温逐渐增高，蒸发量大，另一方面，植株生长迅速，叶面积不断增大，蒸腾量也不断加大，因此，需水量也逐渐增加，从拔节至开花期约1个月左右的时间，耗水量也占到总耗水量的1/3左右；抽穗到灌浆期，由于气温更高，叶面蒸腾量很大，日平均耗水量达到最大值；灌浆以后，叶片逐渐枯死，蒸腾量也逐渐减弱，小麦的需水量下降。

播种期：冬小麦足墒下种是保证全苗、促进幼苗健壮、根系发育良好、增加年前分蘖的先决条件。冬小麦播种的足墒标准是：0～20cm的土层土壤含水量为田间持水量的70％～85％。低于70％即应灌水。一般灌水定额为每亩30～40m^3，过小则不能保证小麦发芽出苗，播前灌水定额过大，影响及时整地播种，播后灌水定额过大，地面易板结，影响出苗。

幼苗期：此时小麦进入越冬前期，在12月下旬前后，麦田土壤含水量为田间持水量的65％～85％为适宜，低于田间持水量的65％，则需要进行灌溉。冬灌不仅可以满足麦苗需水要求，并且还可以平抑地温，疏松表土，起到巩固分蘖作用。但如果冬季气温相对较高，为避免麦苗过旺，一般旺苗不进行冬灌。但对于苗情较差的瘦弱苗，结合追肥提前冬灌,以促进根系发育和麦苗健壮,抵抗寒流冻害。

返青期:越冬期冬小麦田间耗水量小,日耗水量只有0.7mm左右,加上地下水的补给量,小麦根际土壤水分消退慢,每日只消退0.1%(占干土重)左右,土壤适宜相对含水量为田间持水量的60%~80%时,可不灌返青水,以免土壤湿度过大,抑制土温回升,不利于小麦返青。如天气持续干旱,且小麦缺肥长势差,可结合追肥进行适量灌溉。

拔节孕穗期:冬小麦拔节孕穗期是耗水强度最大的阶段,此时约为3月下旬到4月上旬,土壤相对含水量在65%~85%较为适宜。拔节孕穗期受旱则减产严重。土壤相对含水量低于田间持水量的70%以下时,应及时进行灌溉。

抽穗扬花期:小麦进入抽穗开花期以后,耐旱而怕涝渍,土壤含水量为田间持水量的65%~85%为宜,如果土壤含水量低于60%,则需要灌溉,灌水量宜小。

灌浆成熟期:小麦灌浆成熟期的耐旱性增强,耐涝渍的能力减弱。对土壤水分的要求虽不像生长中期那样多,但一般仍不宜低于70%,土壤相对含水量在田间持水量的65%~80%之间较为适宜,土壤含水量低于65%的适宜下限值时会发生干旱,就会影响有机养分的合成和向籽粒中输送,秕粒增多,千粒重下降,严重影响产量,应进行灌溉(表9-1)。

表9-1 冬小麦不同生育期适宜土壤含水量

生育时期	播种期	幼苗期	返青期	拔节孕穗期	抽穗扬花期	灌浆成熟期
土层深度(cm)	0~20	0~20	0~40	0~80	0~80	0~80
土壤含水量(%)	70~80	65~85	60~80	65~85	60~80	65~80

二、夏玉米需水规律

鄄城种植的玉米主要为夏玉米。在玉米生育期内,天气高温多雨,蒸发量大,但在玉米播种期,天气炎热少雨,秋旱和秋涝灾害时有发生。玉米是需水量较大的作物,不同的生育期对水分的要求不同:发芽出苗和苗期阶段生长慢,需水量小。拔节孕穗期生长旺盛,叶面积增大,温度升高,需水增多,特别抽雄前后,是玉米一生中需水最多、耗水量最大时期,是水分"临界期",此期缺水造成"卡脖旱",灌浆到成熟仍要求较多水分,促进灌浆,增加粒重。各生育阶段对水分地需求差异较大。

播种期:6月上中旬为玉米适宜播种期,土壤相对含水量在75%~85%比较适宜,在适宜播种期的6月中上旬如遇干旱、土壤含水量低于田间持水量的75%时,应及时灌溉,保证足墒播种。

幼苗期:玉米在播种后需要吸取相当本身绝对干重40%~50%的水分,才能膨胀发芽,适宜的土壤相对含水量在65%~80%。玉米苗期耐旱不耐涝渍,当土壤水分过多时,种子也会霉烂造成缺苗。在这个时期玉米需水量相对较少,耗水量只占总耗水量的16%~18%。在这个阶段要控制土壤含水量,如果占田间持水量的60%左右,则有利于蹲苗,促进根系下扎,增强耐旱能力。

拔节期:该期玉米耗水量大,对水分的要求也比较高,耗水量约占全生育期耗水量的23%~30%,适宜土壤的含水量为田间持水量的70%~80%。

抽雄开花期：抽雄期是玉米新陈代谢最旺盛的时期，对水分十分敏感，是玉米需水的临界期。如果水分不足、空气干燥、气温高就不能正常抽雄，适宜的土壤含水量为田间持水量的65%～90%。这个阶段玉米的耗水量占总耗水量的14%～28%。

灌浆期：灌浆阶段是夏玉米生长期中灌溉次数最多、灌溉增产效果最大的时期。因为这一时期需水强度大，是争取穗大、粒多、粒重的关键时期，适宜土壤的含水量为田间持水量的70%～85%，如土壤水分不足，0～50cm土层含水量低于田间持水量的70%，应及时进行灌溉。

成熟期：成熟阶段适宜的土壤含水量为田间持水量的60%～70%。玉米处于成熟期时，也常因在高温、多雨条件下根际缺氧而窒息坏死，造成植株加速衰退，甚至青枯死亡，严重影响产量。因此，玉米播种前，整地时必须做好畦田沟，以利于雨量过大时清沟沥水(表9-2)。

表9-2 夏玉米不同生育期适宜土壤含水量

生育时期	播种期	苗期	拔节期	抽穗期	灌浆期	成熟期
土层深度(cm)	0～20	0～40	0～50	0～60	0～80	0～80
土壤含水量(%)	75～85	65～80	70～90	65～90	65～85	60～70

三、棉花需水规律

棉花一生需要消耗大量的水分。据有关资料统计，亩产50千克皮棉的棉田总耗水量为300～400m^3，亩产100千克皮棉总耗水量为450m^3左右。棉花不同生育时期需水量也不同，总趋势是与棉花生长发育的速度相一致。苗期株小生长慢，温度低，耗水量较少；随棉株生长速度加大而耗水量也不断增加，到花铃期，生长旺盛，温度高，耗水量最多；吐絮后，棉株生长衰退，温度较低，耗水量又逐渐减少。棉田的水分消耗，在苗期约有80%～90%是从地面蒸发的，而棉株蒸腾耗水仅占10%～20%；蕾期地面蒸发和棉株蒸腾耗水各占50%左右；花铃期地面蒸发和棉株蒸腾耗水分别占25%～30%和70%～75%；吐絮后地面蒸发和棉株蒸腾耗水又基本趋于一致。

苗期：棉花苗期约40～45天，播种时，土壤含水量以田间最大持水量的70%左右为宜。苗期土壤含水量以田间最大持水量的55%～60%为宜，有利于根系生长。若水分过多，则棉田扎根浅，苗期病害重，土壤水分过少，影响棉苗早发。棉花苗期一般不需灌溉。若播前土壤含水量低于田间持水量的55%，应进行苗期灌水，但灌水量不宜大，一般为15～20m^3/667m^2。

现蕾期：现蕾期是棉株由营养生长为主转为生殖生长的并进阶段，为使营养生长与生殖生长协调，水肥条件甚为重要。华北地区棉花现蕾时，土壤水分一般保持田间持水量的60%～70%比较适宜。如果土壤含水量低于65%，则影响棉苗生长，使现蕾延迟，但浇水要小水隔沟轻浇，每亩灌水量20～30m^3，严禁大水漫灌。浇一水后，如继续干旱，可再浇一水，若水分过多，会引起棉株徒长。

花铃期：花铃期一般为50天左右，这是棉花一生中生长发育最旺盛的时期。此时适宜的土壤含水量为70%～80%，如水分过多，会引起棉株徒长，也会导致蕾铃大量脱落。水分过少，会引起早衰。花铃期多逢雨季，如果降雨过多，棉田渍水严重时要及时开沟排水，以免影响棉花的正常生长。如果发生伏旱，要及时浇透花铃水，灌水量不宜过大，并应避免中午高温时浇水。

吐絮成熟期：此时棉花根系吸收能力大大减弱，田间耗水量减少。吐絮以后，田间最大持水量以55%～70%为宜，有利于秋桃发育，增加铃重，促进早熟和防止烂铃。如土壤水分降到55%以下，要及时浇水，采取小沟浇水。如发生秋涝要及时排水降湿（表9-3）。

表9-3 棉花不同生育期适宜土壤含水量

生育时期	苗期	蕾期	花铃期	吐絮期
土层深度(cm)	0～20	0～40	0～60	0～60
土壤含水量(%)	55～60	60～70	70～80	55～70

四、花生需水规律

花生各生育阶段的需水量总的趋势是两头少、中间多。花生从播种到出苗阶段的需水量占总需水量的4%～7%，出苗到开花阶段占12%～24%，开花到荚果形成阶段需水量最大，占50%～60%，花针期处于花生生育中期，是需水最敏感的时期。大粒花生耗水量占全生育期总耗水量的48.2%～59.1%，每公顷昼夜耗水量达60m³左右；珍珠型中小粒花生耗水量52.1%～61.4%，每公顷昼夜耗水量为18～30m³。荚果形成到成熟阶段占20%～30%。

播种到出苗：以土壤田间持水量的60%～70%为宜，如低于40%，应进行灌溉。

出苗到开花：以田间持水量的50%～60%为宜，如低于40%或高于70%都会影响花生生长；开花下针期需水量成倍增长，土壤蒸发量也日益增大，如果墒情不足则开花量减少，甚至开花中断，因此，这个时期如遇干旱要及时浇水，浇水时要小水细浇或进行喷灌及滴灌。

开花至结荚：适宜的土壤水分为田间持水量的60%～70%，如低于50%容易形成空果、秕果，应及时进行灌溉。在盛花期蓄水量最多，大批果针入土发育成荚果，荚果已开始膨大，既需要大量水分，高于80%，易受涝烂果，因此要事先修好排水沟，做到旱浇涝排田间不存水，以免影响花生荚果发育和出现烂果。

结荚至成熟：以土壤田间持水量的50%～60%为宜，如低于40%或高于70%对花生生长和成熟都不利（表9-4）。

表9-4 花生不同生育期适宜土壤含水量

生育时期	播种－出苗	齐苗－开花	开花－结荚	结荚－成熟
土层深度(cm)	0～20	0～30	0～30	0～30
土壤含水量(%)	60～70	55～70	65～75	60～70

第二节 农田节水技术

农田节水技术包括保墒节水和提高光合效率、减少无效蒸腾两大类。

一、保墒节水技术

(一)耕作保墒技术

1. 深耕保墒技术。传统的耕作由于犁底层的存在,影响了土壤水的入渗量,限制了土壤蓄水能力。据试验,深耕打破犁底层,使深耕后底层土壤容重由 1.5g/cm^3 降到 1.35g/cm^3,孔隙度由 45%增加到 54%,土壤水分入渗量由传统耕作时的 5mm/h 提高到 7~8.5mm/h,1m 土层蓄水量由传统耕作时的不足 1350m^3/hm^2 增加到 1800m^3/hm^2,土壤蓄水量增加 20%~30%。深耕还可以使根系的分布范围扩大 10%以上,有利于根系下扎,增加对深层土壤水分的吸收。据试验,麦田通过深耕,平均增产小麦为 492kg/hm^2,深耕后三年小麦产量都比对照增产,三年平均产量:深耕不施肥区比对照增产 18.7%,深耕施用圈肥区比对照增产 23.3%,深耕施用化肥区比对照增产 24%,可见深耕的作用可维持多年。

2. 中耕保墒技术。中耕切断或减弱了上下层土壤毛细管的联系,使下层毛管水只能上升到中耕层底部,减少了下层土壤水分的损失。另外,中耕后的土壤表层经蒸发而很快形成干土层,对下层土壤水分的蒸发起到了保护作用,所以,中耕具有较好的保墒效果。如小麦浇冬水后中耕,能防止土壤龟裂,平抑地温,有利于小麦安全越冬,是避免或减轻小麦冻害发生的有效方法。年后土壤返浆期中耕,能减少土壤水分散失,保墒效果明显。夏季田间中耕,对破除土壤板结,促进根系下扎及对深层水分的吸收有较好效果,对减轻苗期病害的发生、促进壮苗早发作用明显。

3. 镇压耙耢保墒技术。镇压耙耢可以减少表土层内的大孔隙,减少土壤水分蒸发,达到保墒的目的。镇压多在冬季地冻时,无水浇条件的旱地麦田进行。耙耢是土壤耕翻后的配套措施。如 9~10 月秋种时秋高气爽,若耕地后不进行耙耢,土壤水分将很快被蒸发,地表行成大量坷垃,不仅影响种麦质量,而且还将影响麦苗的安全越冬。

(二)覆盖保墒技术

1. 秸秆覆盖保墒技术。秸秆覆盖可以减少土壤水分蒸发,减轻或避免雨水地表径流,增强雨水入渗。据试验,秸秆覆盖,土壤水分全年都比对照高,其中 5~8 月保墒效果最好,盖比不盖的土壤水分相差 2.7%~4.5%,土壤蒸发量减少 51.6~58.2%,作物遇旱凋萎发生期推迟 5~7 天,11 月至来年 3 月的冬春季节,效果稍差,两者土壤水分相差 0.8%~2.6%。

2. 地膜覆盖保墒技术。地膜覆盖切断了土壤水分的垂直蒸发,使水分横向迁移,增大了土壤水分的蒸发阻力,有效地抑制了土壤水分的无效蒸发,相对增加了耕层土壤储水量。同时,由于膜下水气遇冷凝结成水珠,滴落土壤,再渗入土中,这样一般可提高土壤水分利用率 32%~65%,节约用水 30%以上。据试验,棉花地膜覆盖 0~5cm、5~15cm、15~30cm 不同土层含水量分别增加 3.8%、1.1%和 1.7%,霜前花多、产量高、品质好(表 9-5)。

表 9-5 棉花地膜覆盖不同土层含水量

项目(土层 cm)	0～5	5～15	15～30
对照	10.5	14.3	14.6
盖膜	14.3	15.4	16.3

二、提高光合效率、减少无效蒸腾

(1)增施化学肥料,以肥调水

在合理耕作充分积累和保持土壤水分的基础上,增施肥料,改善作物营养,能增强旱作农业对土壤水分的利用能力,提高降水利用率。生产实践表明,在土壤全氮为0.8g/kg左右、速效磷为10mg/kg以上时,施纯氮和五氧化二磷各150kg/hm^2,小麦产量可达6000kg/hm^2,要获得更高产量氮磷营养,应有更高水平。中国农科院试验表明,冬小麦水肥耦合阈值为:氮90～240kg/hm^2,五氧化二磷56.25～221.75kg/hm^2,灌溉定额1500～3000m^3/hm^2,在此阈值范围内,水肥互作增产效应显著。

(二)增施有机肥料,推广秸秆还田

增施有机肥料可以改良土壤结构,使土壤容重变小、空隙度增大,能使雨水和地表径流渗入土层中,增大土壤涵蓄水分的能力,增强根系吸水能力,提高水分生产率。据试验,增施有机肥料,在同样降雨条件下,连年施用有机肥的肥旱地,比多年不施有机肥的白茬地,单位降水量的生产效率可提高80%～150%。同时,大面积推广秸秆还田,也是施用有机肥的一种间接形式,同样能达到增施有机肥料的节水效果。

(三)合理布局和种植节水作物(品种)

根据降雨时空分布特征、地下水资源、水利工程现状,合理调整作物布局,增加种植需水与降水耦合性好的作物(品种)。如在灌溉条件较好的地区,可以种植高产粮食作物或高收入的经济作物,而在灌溉用水保证率低的地区,则要以种植棉花、杂粮等耐旱作物为主,就是种植粮食作物也要选择那些熟期早、植株矮秆、叶片小、生长周期短的品种。调整作物熟制,使之与水分条件相适宜。如在黄淮海流域较为典型的熟制为一年两熟,若要多茬种植则要有比较完善的灌溉条件做保证。调整播期,使作物生长期需水与当地自然降水丰沛期相吻合。所以,合理布局和种植节水作物或品种,可以大幅度减少灌溉用水,有效缓解水资源供需矛盾,提高自然降水生产率。

(四)化学调空节水技术

作物使用化学抗旱剂——旱地龙:一是能有效降低植物叶片气孔的开张度,减少植物的水分蒸腾,保持植物体内水分;二是提高植物体内多种酶的活性,促进根系发育,增强作物的吸水能力和抗旱抗倒伏能力;三是提高作物体内叶绿素的含量,提高光合速率,增强光合作用,增加干物质的积累,从而提高作外作物的产量和品质。试验表明,使用化学旱地龙的经济效益十分明显,投入产出比粮食作物为1∶5～7,大棚蔬菜为1∶50～70,果树为1∶20～30。

作物使用旱地龙拌种。小麦使用旱地龙拌种的经济用量为750～900g/hm^2,拌种的小麦根系发达，有效穗数多，一般增产10%以上。

叶面喷施化学抗旱剂。在干旱条件下，小麦叶面喷施旱地龙，效果更显著，增产幅度可达15%～20%(表9-6)。

表9-6　小麦喷施旱地龙效果调查

项目	Ⅰ	Ⅱ	Ⅲ	平均
起身＋扬花	2650	4540	3610	3600
起身喷	2680	3850	3805	3445
扬花喷	2680	3365	3925	3323
不喷	2530	2600	3700	3010

另据试验，西红柿、黄瓜叶面喷施旱地龙，一般可比对照提前10天上市，延长采收期20天以上，增产10%～30%；果树喷施旱地龙，当年花芽增加50%左右，增产23.3%。所以说，化学抗旱剂也是节水农业的重要研究课题。

三、农田灌溉节水技术

灌溉是利用人工设施，将符合质量标准的水，输送到农田补充土壤水分，以改善植物的生长发育条件。节水灌溉是以最低限度的用水量获得最大的产量或收益，也就是最大限度地提高单位灌溉水量的农作物产量和产值的灌溉措施。主要有渠道防渗、低压管灌、喷灌、微灌和灌溉管理制度。

渠道输水是目前农田灌溉的主要输水方式。传统的土渠输水渠系水利用系数一般为0.4～0.5，差的仅0.3左右，也就是说，大部分水都渗漏和蒸发损失掉了。渠道渗漏是农田灌溉用水损失的主要方面。采用渠道防渗技术后，一般可使渠系水利用系数提高到0.6～0.85，比原来的土渠提高50%～70%。渠道防渗还具有输水快、有利于农业生产抢季节、节省土地、减轻或避免渠道渗漏引发土壤盐碱等优点，是当前节水灌溉的主要措施之一。

管道输水是利用管道将水直接送到田间灌溉，以减少水在明渠输送过程中的渗漏和蒸发损失。管道输水与渠道输水相比，具有输水迅速、节水、省地、增产等优点，水的利用系数可提高到0.95，节电20%～30%，省地2%～3%，增产幅度10%以上。

喷灌是利用管道将有压水送到灌溉地段，并通过喷头分散成细小水滴，均匀地喷洒到田间，对作物进行灌溉。它作为一种先进的机械化、半机械化灌水方式，在很多发达国家已广泛采用。喷灌的主要优点：一是节水效果显著，水的利用率可达80%。二是作物增产幅度大，一般可达20%～40%。其原因是取消了农渠、毛渠、田间灌水沟及畦埂，增加了15%～20%的播种面积；灌水均匀，土壤不板结，有利于抢季节、保全苗；改善了田间小气候和农业生态环境。三是大大减少了田间渠系建设及管理维护和平整土地等的工作量。四是减少了农民用于灌水的费用和投劳，增加了农民收入。五是有利于加快实现农业机械化、产业化、现代化。六是避免由于过量灌溉造成的土壤次生盐碱化。

移动管道式喷灌通常将输水干管固定埋设在地下，田间支管和喷头可拆装搬移、周转使用，因而降低了投资。移动式管道喷灌除了具有一般喷灌省水、增产、省工、减轻农民负担和有利于农业机械化、产业化、现代化等优点以外，还具有设备简单、操作简便、投资低、对田块大小和形状适应性强，一户或联户均可使用等优点，是目前较适合我国国情，可以大力推广的一种微型喷灌形式，可适用于大田作物、蔬菜等，每亩投资为200～250元。

固定管道式喷灌是将管道、喷头安装在田间固定不动，其灌溉效率高，管理简便，适用于蔬菜、果树以及经济作物灌溉。但是投资较高（每亩投资一般在1000元左右），不利于机械化耕作。

中心支轴式与平移式大型喷灌机，只能在预定范围内行走，行走区域内不能有高大障碍物，土地要求较平整。其机械化和自动化程度高，适用于大型农场或规模经营程度较高的农田。使用国产设备，每亩投资为300～400元。

卷盘式喷灌机，靠管内动水压力驱动行走作业，与中心支轴式及平移式的大型喷灌机相比，具有机动灵活、适应大小田块、亩设备投资低等优点。目前进口设备每亩投资为50元左右，设备国产化后可进一步降低投资，这是一种适合我国国情、有发展前景的喷灌形式，可适用于大田作物、蔬菜等。卷盘式喷灌机有喷枪式和析架式两种，后者具有雾化好、耗能低的优点。轻小型机组式喷灌，可以手抬或装在手推车或拖拉机上，具有机动灵活、适应性强、价格较低等优点，通常用于较小地块的抗旱喷灌。每亩投资为100～200元。

微喷是新发展起来的一种微型喷灌形式。这是利用塑料管道输水，通过微喷头喷洒进行局部灌溉的。它比一般喷灌更省水，可增产30%以上，能改善田间小气候，可结合施用化肥，提高肥效。国产设备亩投资一般在500～800元。主要应用于果树、经济作物、花卉、草坪、温室大棚等灌溉。

滴灌是利用塑料管道将水通过直径约10mm毛管上的孔口或滴头送到作物根部进行局部灌溉。它是目前干旱缺水地区最有效的一种节水灌溉方式，其水的利用率可达95%。滴灌较喷灌具有更高的节水增产效果，同时可以结合施肥，提高肥效一倍以上。可适用于果树、蔬菜、经济作物以及温室大棚灌溉，在干旱缺水的地方也可用于大田作物灌溉。其不足之处是滴头易结垢和堵塞，因此应对水源进行严格的过滤处理。目前，国产设备已基本过关，有条件的地区应积极发展滴灌。

地下滴灌是把滴灌管埋入地下作物根系活动层内，灌溉水通过微孔渗入土壤供作物吸收。有的地方在塑料管上隔一定距离钻一个小孔，埋入地下植物根部附近进行灌溉，群众俗称"渗灌"。地下滴灌具有蒸发损失少、省水、省电、省肥、省工和增产效益显著等优点，果树、棉花、粮食作物等均可采用。其缺点是当管道间距较大时，灌水不够均匀，在土壤渗透性很大或地面坡度较陡的地方不宜使用。亩投资为400～1000元。其效益为节水50%～60%；省电40%～50%；增产30%左右。

平整土地、改造沟畦。通过平整土地，改进灌水沟畦规格（如大畦改小畦，长沟改短沟）等综合措施，使灌水均匀，以达到节水的目的。

科学灌溉与节水管理根据作物需水要求，适时、适量地灌水，用先进的科学技术手段对土壤墒情和灌区输配水系统的水情进行监测、数据采集和计算机处理，可以科学有效地控制土壤水分含量，进行合理调度，做到计划用水、优化配水，以达到既节水又增产的目的。同时，要重视和加强节水管理，改变目前农业用水水价过低、不利于节水的状况，实行按成本收费、超计划用水加价等政策。要建立健全的节水管理组织和技术推广服务体系，完善节水管理规章制度。

第十章 粮食高产创建技术

鄄城县是一个以种植小麦、玉米为主的农业县，常年粮食作物播种面积约为84000hm²，粮食总产稳定在4×10^8kg以上，2008年开始实施小麦、玉米粮食高产创建项目，2009年山东省农业厅组成专家组，对小麦、玉米粮食高产创建项目进行实打验收，实现了(实打3亩以上)小麦亩产712.6kg，玉米亩产914.1kg，均创全市单产最高。

鄄城县属黄河冲积平原，季风型暖温带半湿润区，海拔高度为29～38m。由于受古黄泛影响，形成岗、坡、洼交错相间的微变地貌。地势平坦，土层深厚，土类属潮土。耕层主要为轻壤、中壤和重壤，无明显的障碍层次，农田基础设施配套良好，灌排能力较好。总体看，鄄城县耕地地力较好，五级以下耕地占全县耕地总面积的27.91%，实施粮食高产创建具有较好的地力基础和农业生产条件。

第一节 耕地地力基础

一、耕地地力等级面积统计

(一)面积统计

鄄城县耕地总面积为64234.41hm²，各等级耕地比例相对均衡，以二级地、三级地、四级地和五级地为主，各等级占耕地总面积的比例均超过15%，四者面积之和占到了总耕地面积的81.64%；其次一级地占耕地总面积的9.19%；六级地面积较少，占总面积的9.17%(表10-1)。

表10-1 鄄城县耕地地力评价结果面积统计

等级	一级	二级	三级	四级	五级	六级
面积(hm²)	5899.77	12031	14162.47	16145.22	10105.57	5890.38
百分比(%)	9.19	18.73	22.05	25.13	15.73	9.17

(二)耕地地力等级的行政区域划分

将耕地地力等级分布图与鄄城县行政区划图进行叠加分析，从耕地地力等级行政区域分布数据库中，按权属字段检索出各等级的记录，统计出一至六级地在各乡镇的分布状况。一、二级高等地力耕地所占比例较高的乡镇为大埝乡、吉山镇、凤凰乡、鄄城镇、董口镇、富春乡、郑营乡和引马乡等乡镇；三、四级地中等地力耕地所占比例较高的乡镇为临卜镇、红船镇、郑营乡、闫什镇和彭楼镇等乡镇;五、六级较低等级地力耕地所占比例较高的乡镇主要为旧城镇、左营乡、李进士堂镇等乡镇,主要分布在黄河滩区。

二、耕地地力等级与粮食高产创建

(一)一级地

一级地土壤类型以淤灌潮土和砂心潮土为主,兼有少量盐化潮土。土壤表层质地为轻壤和中壤,还有少量的重壤和砂壤。土体构型以黏心、砂心和壤均质为主,无明显障碍层次。微地貌以缓平坡地和缓岗地为主,土层深厚,土壤理化性状良好,基本无盐渍化现象,可耕性强。地下水矿化度为0.5～2g/L的弱矿化度水,农田水利设施较为完善,灌排条件在本县范围内属较好,灌溉保证率在75%。耕层土壤养分含量较高,见表10-2。

表10-2 一级地主要养分含量

项目	有机质(g/kg)	有效磷(mg/kg)	速效钾(mg/kg)	有效锌(mg/kg)	有效硼(mg/kg)
平均值	13.85	23.08	99.07	1.41	0.62
范围值	11.21～17.61	14.12～28.63	60.70～154.31	0.74～2.80	0.36～0.96
含量水平	中偏上	中偏上	中偏上	中偏上	中偏上

一级地是全县综合性能最好的耕地,各项评价指标均属良好。土层厚,易耕作,养分含量高,保肥、保水性好,适于小麦、玉米高产粮食作物生长。为此,在粮食高产创建中,应结合科技入户、配方施肥等工程,加大宣传力度,转变传统观念,提高认识,加大投入,提升农业综合生产能力;在加强耕地质量建设方面,要实施平衡施肥,防止土壤污染,适量补施微肥和磷肥,提高耕地质量;要加大检测力度,确保农业灌溉、施肥、用药安全,搞好无公害生产。

(二)二级地

二级地土壤类型以砂心潮土和均质潮土为主,兼有少量淤灌潮土和黏心潮土。土壤表层质地为轻壤和中壤,少量重壤和砂壤。土体构型以壤均质、厚砂心、厚黏腰为主,部分地区为含厚砂心和薄黏腰。微地貌以缓平坡地为主,有少量缓岗地和河滩洼地。土层深厚,土壤理化性状良好,少部分地区有轻度或中度盐渍化,可耕性强。地下水矿化度大部分为0.5～2g/L的弱矿化度水,农田水利设施较为完善,灌排条件较好,灌溉保证率在50%～75%的范围。土壤耕层养分含量比较理想(表10-3)。

表10-3 二级地主要养分含量

项目	有机质(g/kg)	有效磷(mg/kg)	速效钾(mg/kg)	有效锌(mg/kg)	有效硼(mg/kg)
平均值	13.35	22.69	95.65	1.35	0.60
范围值	10.14～16.81	13.27～28.82	50.66～159.54	0.54～3.47	0.36～1.09
含量水平	中偏上	中等	中偏上	中等	中等

在粮食高产创建中，二级地应增施有机肥料，一方面可以培肥地力，另一方面可以改善土壤中偏砂的状况，改良土体构型。增施磷肥，提高土壤中的磷含量水平。增施钾肥，补施微肥，不断培肥地力。与农田基础建设相结合，兴修水利，推广节水灌溉技术，杜绝大水漫灌等不科学的灌溉方式。

（三）三级地

三级地土壤主要为砂心潮土和均质潮土，含有少量淤灌潮土和壤心潮土。耕层质地以轻壤和砂壤为主，伴有少量的重壤和中壤。土体构型主要为壤均质、厚砂心、薄黏心。微地貌类型为缓平坡地、河滩洼地、河槽地、缓岗地。土壤理化性状较好，农田基础设施一般，灌排能力稍差，灌溉保证率多在50%以下。地下水矿化度多为0.5～2g/L，有轻度和中度盐渍化现象。耕层土壤养分含量多属中等水平（表10-4）。

表10-4 三级地主要养分含量

项目	有机质(g/kg)	有效磷(mg/kg)	速效钾(mg/kg)	有效锌(mg/kg)	有效硼(mg/kg)
平均值	12.90	22.65	91.25	1.28	0.6
范围值	9.00～16.72	13.96～29.31	50.27～155.63	0.61～2.68	0.26～1.02
含量水平	中等	中等	中偏上	中偏下	中等

三级地部分耕地质地为砂壤，容易造成养分的流失，同时少部分耕地土壤偏黏，透水透气性差，不利于作物对养分的吸收。部分区域地下水矿化度偏高，有些地区的盐碱化呈现中度或重度，影响了作物的正常生长。

三级地要实现粮食高产，一要大力实施秸秆还田，增施有机肥料，不断培肥地力，以提高有机质含量改善土壤中偏砂的状况，改良土体构型；二要合理耕作与灌溉，逐步消除土壤盐渍化，保障作物的正常生长；三要通过增施磷肥和微肥，实行配方施肥，改善土壤各种养分供应水平。

（四）四级地

四级地土壤有均质潮土和砂心潮土，还有少量的砂腰潮土和淤灌潮土，表层质地以轻壤和砂壤为主，土体构型主要有厚砂心、砂壤均质、厚砂腰、薄黏心、薄壤心。微地貌类型主要为缓平坡地、缓岗地、河滩高地。土壤中存在轻度和中度盐渍化现象，地下水矿化度主要是0.5～2g/L，并有部分2～5g/L的中矿化度水。农田基础设施较差，灌溉多为二水区和一水区。耕层土壤养分含量除有效锌和有效硼处于中等水平，较为理想，其余养分含量水平均处于较低水平，见表10-5。

表10-5 四级地主要养分含量

项目	有机质(g/kg)	有效磷(mg/kg)	速效钾(mg/kg)	有效锌(mg/kg)	有效硼(mg/kg)
平均值	12.35	22.22	87.34	1.30	0.6
范围值	8.84～15.89	12.23～29.87	45.55～151.32	0.68～2.66	0.32～0.95
含量水平	中偏下	中偏下	中偏下	中等	中等

该级地土体构型中有较多的厚砂心和砂腰，对土壤保水、保肥有一定影响，同时还有少量的黏心，土壤通透性较差，对作物生长不利，只有少部分是壤均质。土壤轻度盐化较为明显，有些区域甚至达到中度盐渍化水平，严重影响作物的生长。灌溉保证率大部分在50%以下。土壤养分含量基本处于全县平均含量水平以下，微量元素含量偏低。

四级地通过增施有机肥，深耕土壤，从而改良土壤表层质地和土体构型，改善土壤的物理化学性能。利用弱矿化水、淡水资源，采用管灌等方式合理灌溉，避免大水漫灌，减轻土壤盐渍化的程度。加强农田基础设施的完善和维护管理，提高灌溉保证率。增施或补施钾肥、磷肥、微肥，提高土壤肥力，能进一步提高粮食作物产量，实现粮食高产创建。

(五)五级及五级以下地

五级地土壤类型主要为均质潮土和砂心潮土，少量盐化潮土。土壤表层质地以轻壤和砂壤为主，还有少量的中壤、重壤和砂土。土体构型主要为砂均质、厚砂腰、厚砂心，土壤中存在明显的夹砂层次。微地貌类型主要为河滩高地、砂质河槽地和缓岗地，伴有少量的河滩洼地和背河槽洼地。灌溉保证率低，大部分为二水区和一水区。地下水矿化度主要为0.5～2g/L的弱度矿化水，同时有部分地区为2～5g/L的中度矿化水，地表有不同程度的返盐现象。耕层土壤养分含量均处于较低水平，见表10-6。

表10-6　五级地主要养分含量

项目	有机质(g/kg)	有效磷(mg/kg)	速效钾(mg/kg)	有效锌(mg/kg)	有效硼(mg/kg)
平均值	11.96	22.10	83.68	1.26	0.59
范围值	8.77～16.09	13.62～28.34	48.53～138.16	0.75～2.23	0.30～0.98
含量水平	中偏下	中偏下	中偏下	中偏下	中等

这类耕地一是土壤构型中存在夹砂层次或砂均质，理化性状不良，土壤保水、保肥能力差，影响作物生长；二是土壤盐渍化较为明显，地下水矿化度较高；三是灌溉保证率较低，需要进一步提高；四是土壤养分含量整体偏低，对作物产量影响较大。

多施用有机肥，搞好过腹还田，实行秸秆还田，提高土壤肥力。搞好农田基本建设，改善灌溉条件，提高灌溉保证率。在作物生长期增施各种主要养分，是这类耕地实现粮食高产创建的主要技术措施。

三、粮食高产创建提升耕地地力

高产粮田土壤肥力指标：土体构型和谐，活土层厚，距地表1m土体没有过砂、过黏等障碍层。耕作层深厚(≥20～25cm)，土壤结构良好，质地较轻的土壤保留3～5cm的犁底层，以利于保肥、保水。壤质以上土壤每间隔3～5年应深耕一次，打破犁底层，以利于根系下扎，吸收利用深层肥水。耕层土壤养分含量高，供养能力强。粮食产量高而稳定，年耕亩粮食产量高于1000kg，而且年度间气候影响产量变幅为5%～10%，常规栽培措施影响产量变幅小于5%。

(一)增加经济投入，加大耕地保护力度

粮食生产是既要承担自然风险又有现场风险的弱质产业，保护粮食生产安全是国民经济发展中面临的重大问题。粮食高产创建的途径就是要增加耕地投入，加强中低产田改造，不断提高耕地的质量，通过对耕地的改良逐步消除制约耕地生产力的限制因素，培肥地力，改善农业生产条件和农田生态环境，从而提高耕地利用的经济效益，实现耕地资源的可持续利用。

（二）用养结合，配方施肥

实施粮食高产创建，要持续提高中低产耕地的基础地力，为粮食作物生长创造高产基础，必须将用地与养地妥善结合起来，广辟有机肥源，重视有机肥的施用，大力实施秸秆还田技术和使用有机—无机复混肥。同时应利用耕地地力评价成果，科学指导化肥的调配，采用配方施肥，重视合理增施有机肥、钾肥及微肥，不断培肥地力，实现耕地资源的持续利用。

1.配方施肥。按照"用养结合，培肥高产"的原则，配方施肥要做到"增施有机肥料，推广秸秆还田技术，不断培肥地力，建设标准农田。在化肥使用方面，一是根据不同作物的目标产量确定使用数量，高产田要保证矿质养分的足量供应；二是不断改进施肥方法，大力推广高浓度复（混）合肥，提高养分利用率；三是坚持灵活用氮、稳定施磷、全面补钾的配方施肥技术"。

2.足量施肥。在合理耕作充分积累和保持土壤水分的基础上，增施肥料，保证矿质养分的足量供应，改善作物营养，能增强旱作农业对土壤水分的利用能力，提高降水利用率。生产实践表明，在土壤全氮为0.8g/kg左右、速效磷为10mg/kg以上时，施纯氮和五氧化二磷各10kg/667m^2，小麦产量可达400kg/667m^2，要获得更高产量氮磷营养应有更高水平。中国农科院试验表明，冬小麦水肥耦合阈值：氮6～16kg/667m^2，五氧化二磷3.75～14.78kg/667m^2，灌溉定额为1500～3000m^3/hm^2，在此阈值范围内，水肥互作增产效应显著。

（三）加强水利建设，改善灌溉条件

1.健全灌溉工程，改善灌区输水、配水设备，加强灌溉作业管理，改进地面灌溉技术，采用增产、增值的节水灌溉方法和灌溉技术。加强水利建设，修筑田埂，防止水土冲刷。安排好水利规划，修好水渠，制止渗漏，加强管理，提高引灌水的利用率。

2.人工富集天然降水，建造大、中、小型蓄水池、塘等蓄水体系，将集纳雨水、拦截径流和蓄水有效结合起来，在作物需水的关键时期进行灌溉，解决作物的需求和降水错位的矛盾，以充分发挥水分的增产效果。

3.改善土壤结构，增加土壤的蓄水能力，通过对土壤增施有机物料（如施用有机肥，秸秆还田等）和应用土壤改良剂，改良土壤结构，增强土壤结构的稳定性，提高土壤对降水的入渗速率和持水量。

（四）采用农业措施改良土壤质地

1.增施有机肥料。增施有机肥料可以改良土壤结构，使土壤容重变小、空隙度增大，能使雨水和地表径流渗入土层中，增大土壤涵蓄水分的能力，增强根系吸水能力，提高水分生产率。据试验，增施有机肥料，在同样降雨条件下，连年施用有机肥的肥旱地，比多年不施有机肥的白茬地，单位降水量的生产效率可提高80%～150%。同时，大面积推广秸秆还田，也是施用有机肥的一种间接形式，同样能达到增施有机肥料的节水效果。

2.实施秸秆还田。一是直接翻压还田。主要方式是玉米成熟收获后将玉米秸秆粉碎，结合秋种整地直接翻压还田，其主要作用是替代有机肥料，提升有机质含量。直接翻压还田一定要与标准化整地技术相配套，防止或避免因土壤悬空吊死麦苗或不利于培育壮苗。二是作物行间覆盖还田。主要方式有收麦留高茬和联合收割机收麦后秸秆直接覆盖，由于秸秆覆盖隔离了阳光对土壤的直射，对土体和地表温热的交换起到了调节作用，研究资料表明，高温季节盖比不盖的地表温度低5℃左右，作物行间空气湿度正常情况下，盖比不盖的高3%左右，雨后转晴时低3%左右，少雨干旱时高5%～7%，0～5cm土壤水分盖比不盖的高2.7%～4.5%，作物遇旱秸秆凋萎发生期推迟5～7天。这对促进作物健壮生长，避免或减某些作物病害的发生作用明显，对抑制杂草为害也有一定作用。据多年多点调查，作物行间秸秆覆盖的当季增产率玉米为5.7%～11.3%，棉花为9.8%～15.1%。另外，经过高温多雨季节，留在田间的麦茬和秸秆均已腐烂，秋种时翻入土中，是一种很好的有机肥料，对改良土壤、培肥地力、减轻土壤盐碱化、破除土壤板结有较好作用。

3.研究建立“标准化整地技术操作规程”。可按照以下程序进行：秸秆粉碎（秸秆粉碎标准为低于5cm，越碎越好）→撒施有机肥、配方肥→深耕（20cm以上）耕深要求20cm以上，以后逐年加深至25cm以上，据试验，深耕打破犁底层，使深耕后底层土壤容重由1.5 g/cm^3降到1.35g/cm^3，孔隙度由45%增加到54%，土壤蓄水量增加20%～30%。深耕还可以使根系的分布范围扩大10%以上，有利于根系下扎，扩大了根系的吸收范围，能有效防止小麦根倒。据试验，麦田通过深耕，平均增产小麦32.8$kg/667m^2$，深耕后三年小麦产量都比对照增产，三年平均产量，深耕不施肥区比对照增产18.7%，深耕施用圈肥区比对照增产23.3%，深耕施用化肥区比对照增产24%，可见深耕的作用可维持多年→旋耙（塌实土壤、无明暗坷垃）→整平做畦（确保有利于麦田浇水）→机播（下种均匀、播深一致）→播后随机镇压。

通过上述农业措施，一方面可以改善土壤理化性状，增加土壤中养分含量，增加土壤中的有机胶体，对改良土壤砂化和提高土壤肥力有显著的作用；另一方面又能改良土壤结构，提高土壤保肥供肥能力。

第二节　小麦高产栽培技术

一、精心选地、施足底肥，确保小麦养分供应

地块选择。地势平坦，土层深厚，成方连片，便于机械化操作；有良好的水浇条件，旱能浇、涝能排；耕地土壤结构良好，土壤肥力较高，耕层土壤养分含量：土壤有机质不低于15g/kg，全氮0.85～1.10g/kg，碱解氮85～100mg/kg，速效磷27～30mg/kg，速效钾不低于100～120mg/kg。

平衡施肥。根据土壤检测结果和小麦目标产量，制定施肥方案。总的施肥原则是增施有机肥，活氮、稳磷、补钾、配微。在秸秆还田的基础上，每亩施纯氮16～18kg，五氧化二磷10～12kg，氧化钾5～10kg，锌肥0.5～1.0kg。其中有机肥、磷、钾、锌肥全部底施，

氮肥底施、追施各半。同时对微量元素的使用应引起高度重视，以实现平衡施肥，大力推广复合微肥拌种技术。

二、精细整地，创造适宜的土壤环境

大力推广深耕技术，为小麦根系创造良好的土壤环境。深耕要求20cm以上，耕后再用旋耕机旋耕1～2遍，然后耙透、耙细、耙匀、耙平，做到上松下实、地面平整，以保证浇水均匀，不冲不淤。耙地前每亩撒施1kg辛硫磷颗粒剂，防治地下害虫。同时确保良好土壤墒情，利于小麦根系发育。

三、提高播种质量，培育冬前壮苗，奠定高产基础

采取综合措施，提高播种质量，确保苗全、齐、匀、壮。

种子处理。一是精选种子。播种前精选种子，清除秕粒、破粒、病粒、杂质，选用籽粒饱满、发芽率高的种子。二是实行种子包衣。

足墒播种，优化群体结构。底墒充足，足墒下种，是小麦苗全苗壮，夺取丰收的关键措施之一。如播种前无充足降雨，要洇地造墒，坚决杜绝缺墒苗，墒情不足的地块，切忌抢墒播种。

适期晚播，半精量播种。近几年来，全县冬前积温偏高，小麦冬前停止生长时间推后，适期内适当晚播可以有效地控制冬前小麦群体，防止小麦苗期旺长，过多消耗土壤养分水分，易于小麦安全越冬。根据全县近几年气候条件，最佳播期为10月8～15日。

推行宽幅精播技术，采用小麦宽幅精量播种机播种，播幅由传统宽3cm的线条式为宽7cm的条带式，有效减少了田间疙瘩苗和缺苗断垄，籽粒入土分散均匀。每幅6行，平均行距为23cm，播种深度为3～4cm。播种后轻微镇压，提墒保墒，确保种土密接。

四、加强冬前管理，培育冬前壮苗

查苗补苗，保证全苗。在出苗后及时查苗补种，在此基础上，于3～4叶期再进行一次查苗，疏开疙瘩苗，补栽到缺苗断垄处，补苗后踏实浇水，浇冬水前再做一次疏密补稀工作，使麦苗更加均匀，以保证全苗，培育壮苗。

深耘断根。深耘有断老根、喷新根、深扎根、促进根系发育的作用，对植株地上部有先控后促的作用。于11月中下旬采取隔行深耘，深度为10cm左右，耘后将土耙平、压实。

浇好冬水，及时划锄。于12月上旬灌浇冬水，每亩灌溉量为40m^3。浇水后借墒情适宜时机及时划锄，以破除板结，疏松土壤，防止地表龟裂。

五、抓好春季管理，推广氮肥后移技术

返青至起身期精细划锄。3月上旬土壤返浆期进行精细划锄，以通气、保墒、提高地温、控制杂草。

适期化控。在3月上中旬喷施麦丰安进行化控，壮秆防倒。

适期灌溉。若墒情不足，形成一定的旱情影响苗情生长时要灌溉，并及时划锄，以破除板结，提升地温。

重施起身拔节期肥。于3月下旬每亩追施30-5-5、28-5-7的复合肥30～50kg。

六、加强后期(孕穗—成熟)管理

结合防病治虫实行“一喷三防”(3月中旬杀虫、杀菌剂混合喷施防治红蜘蛛;5月中旬、下旬每亩分别喷施10%吡虫啉可湿性粉剂10g,加三唑酮乳油50mL,加叶霸100g混合喷施,进行两次穗蚜等虫害防治)。同时进行根外追肥,以补充肥料供应,提高抗干热风能力,延缓叶片衰老,保持光合作用强度,提高光合产物运转效率,增加小麦粒重。

第三节 玉米高产栽培技术

一、土壤条件

地势平坦,土层深厚,土壤结构良好,土壤肥力较高,耕层土壤养分含量:土壤有机质不低于15g/kg,全氮0.85～1.10g/kg,碱解氮85～100mg/kg,速效磷27～30mg/kg,速效钾不低于100～120mg/kg。

二、选用良种

按市场需求、生产目标和气候条件选择适合本区域大范围种植的优质的具有较大增产潜力的高产良种,选用的种子质量要好,纯度、发芽率要高,要经过精选、包衣处理。

三、确保密度

播种密度较品种介绍密度增加300～500株/667m^2,保证足够的亩穗数。为了提高群体整齐度,保证植株健壮,通风透光良好,要求在多下种、多留苗的基础上,在管理过程中,不断拔除小弱株,至抽雄前将不能结实的小弱株全部拔完。

四、精细播种

播种质量好坏对保证苗全、苗齐、苗匀,避免或减轻玉米粗缩病的发生,有非常重要的作用。高产玉米田要特别注意提高播种质量,大力推广机播,力争做到播深一致,落粒均匀一致,覆土均匀一致,避免有漏播和缺苗断垄现象发生。播种时间:麦田套种于收麦前7～10天播种,收麦后及时喷洒杀虫剂,预防玉米粗缩病的发生;麦收后直播要抢时间,宜早不宜迟,这时若土壤墒情较差,可先播种后浇蒙头水。播种时要施用毒谷防治地下害虫。种植的行距一般为55～60cm,采用等行距或大小行种植。

五、科学施肥

根据土壤检测结果、玉米目标产量和和实际生产条件,制定施肥方案。方案一:定苗后追(17-17-17)复合肥10kg/667m^2,以促根壮秆、避免空棵;大喇叭口期追穗肥(26-5-9)复合肥30～50kg/667m^2,促棒大粒多;玉米抽雄穗期趁下雨亩撒施尿素7～10kg/667m^2,以延长叶片功能期、促进粒重增加。方案二:三叶期以前施(26-5-9)缓控释肥40～50 kg/667m^2,抽雄期每亩撒施尿素10～15kg。

六、中耕除草

玉米是中耕作物，其根系对土壤空气反应敏感，通过中耕保持土壤疏松利于夏玉米生长发育。高产玉米田一般中耕2次，定苗时锄一次，10叶展时锄一次，人工或机械锄地能达到土壤疏松土壤的目的均可。用除草剂在玉米播种后进行封闭处理的田块或秸秆覆盖的玉米田，可在拔节后到10叶展时进行一次中耕松土。

七、适时收获

当夏玉米苞叶变白，上口松开，籽粒基部黑层出现，乳线消失时，玉米达到生理成熟即可进行收获。早收(未成熟)对玉米产量、品质都不利。早收玉米籽粒不饱满，含水量较高，容重低，商品品质差，同时，早收获玉米籽粒产量降幅达10%以上。

第十一章　优化种植结构、提升耕地质量

重用轻养或只用不养，对耕地掠夺式经营，使土壤砂化、碱化的警钟长鸣，要用科学的方法，进一步优化种植结构，不断增加对土地的投入，加强农业生产的集约化经营，使耕地质量在农业生产发展中不断提升。

第一节　粮食生产

一、大面积种植

种植粮食作物相对棉花、瓜菜等经济作物用工少、科技含量相对较低，适于大面积种植，而且，大面积机械化种植小麦、玉米等粮食作物，对于利用好耕地资源、抗御自然灾害、推广现代农业技术、促进农业集约经营、增加单产与总产、提高农业劳动生产率、降低农产品成本，以及对于减轻农民劳动强度和缩小工农差别，都有着重大的作用。特别是机械化整地能够加深耕层、提高耕翻质量，增加活土层、改良土壤结构，对改善土壤的水、肥、气、热状况十分有利。

目前，要加强政策引导，增加激励机制，加速土地向种田能手集中，积极发展种粮大户，在多数农民自愿的基础上，把一家多块小面积地块调整为一家一块地，面积为0.3～0.7hm^2以上，以便于实现粮食生产机械化种植，也有利于增加农民收入，确保国家粮食生产安全。

二、节水灌溉

掌握小麦、玉米的需水规律，不断改进推广农田节水技术，以最低限度的用水量获得最大的产量或收益，也就是最大限度地提高单位灌溉水量的粮食产量和产值。

节水灌溉技术就是根据作物需水要求，适时、适量地灌水。用先进的科学技术手段对土壤墒情和灌区输配水系统的水情进行监测、数据采集和计算机处理，可以科学有效地控制土壤水分含量，进行合理调度，做到计划用水、优化配水，以达到既节水又增产的目的。如渠道防渗，管道输水节水技术具有输水快、节省土地、减轻或避免渠道渗漏引发土壤盐碱等优点；喷灌、滴灌技术灌水均匀，土壤不板结，避免由于过量灌溉造成的土壤次生盐碱化。

节水灌溉技术对于加强耕地质量建设的最主要作用就是减轻或避免土壤次生盐碱化。

目前，要进一步建立健全节水管理组织和技术推广服务体系，完善节水管理规章制

度，重视和加强节水管理，实行按成本收费、超计划用水加价等政策，不断提高农民群众的节水意识。

三、增加投入

土壤肥力是决定作物产量高低的基础。很多资料表明，在环境条件和栽培管理措施相对一致时，作物产量中有1/2～2/3来自于地力，可见，增加对土壤的投入，培育耕地地力，是实现作物高产增收的基础。科学合理增加对土地的投入，满足小麦、玉米高产情况下对矿质养分的需求，是目前生产条件下实现粮食高产增收的最有效措施之一。

按照养分归还学说理论，土壤中的养分储量是有限的，但作物的生长发育要不断的消耗土壤养分，随着作物的每次收获，必然要从土壤中带走大量养分，因此，必须以施肥的形式向土壤归还作物所带走养分，才能保证土壤利用的可持续性。反过来，正确处理好土地投入与产出、用地与养地的关系，增加对土地的投入，也是提高作物产量、改善作物品质、维持和提高土壤肥力的重要措施和实现农业生产可持续发展的重要保证。

显然，增加对土地的投入，粮食就能高产，随着粮食产量的提高，农作物秸秆在增加，通过实施秸秆还田，使土壤有机质含量不断增加，耕地地力得到培育，就能实现粮食生产高投入、高产出、高效益的可持续、循环发展道路。

第二节 棉花、花生生产

一、棉花生产

棉花生产在耕地质量建设中的作用：优化种植结构，增加农业收入，保证对土地增加投入的资金基础；棉花耐盐碱，在次生盐渍化较重的土壤种植棉花，还具有改善土壤理化性状的作用。

棉花在鄄城较好的种植方式为："小麦套棉花间作西瓜"简称麦瓜棉模式。即秋种时播6行小麦占地1m，留80～100cm套种行，翌年春套种2行棉花，2行棉花中间间作1行西瓜（甜瓜）。在红船的梁楼、旧城、左营、李进士堂等乡镇的黄河滩区有较大面积种植。

二、花生生产

花生生产在鄄城具有悠久的历史，砂壤土种植花生，不光产量高、品质好，而且还能养田。花生有根瘤菌共生，固定空气中的游离氮，供给花生利用外，还能由根系分泌及残根留给土壤，每亩可达6kg以上，相当于30kg硫铵或13.3kg尿素，有资料表明，花生壳犁入20cm深的耕作层内，可以改善土壤结构，增强15～30cm深土层的蓄水能力，下茬作物增产30％～75％。

鄄城花生栽培方式为麦套花生，具有苗期长、有效花期短、饱果成熟期短、生长速度快的特点，管理措施应以早管促进为主，并做到环环相扣。山东农业大学试验表明，收麦后使花生"缓苗"5～7天灭茬效果好，中耕灭茬宜浅锄，避免损伤花生苗；始花前结合追肥进行深锄松土，可每亩追尿素20kg、二铵10kg、氯化钾15kg或"20-10-15"复合肥30～50kg；

花针期中耕培土迎果针。追肥后若天气干旱要浇水，以尽快发挥肥效。盛花后株高达30cm以上应及时喷100mg/L多效挫或500～1000mg/L比久防倒伏。苗期要注意防治蚜虫、花针期施药防蛴螬，结荚期喷多菌灵防治叶斑病。

第三节 瓜菜生产

一、瓜菜对耕地的要求

瓜菜生产对耕地质量要求是：熟化土层深厚（30～50cm）腐殖质和速效养分含量高，土壤有机质要在15～20g/kg以上；耕层土壤疏松，土壤容重在1.3g/cm^{3}以下，生物活化作用强烈，表土层蚯蚓粪较多；土性温暖，稳温性能好；保水性好，抗旱能力强；微生物活动旺盛，土壤活性强（表11-1～11-3）。

表11-1 土壤养分评价

养分等级	极低	低	中等	较高	高
有机质(g/kg)	＜10	15	20	25	＞30
碱解氮(mg/kg)	＜60	80	100	120	＞140
有效磷(mg/kg)	＜30	60	90	130	＞150
速效钾(mg/kg)	＜100	120	150	180	＞200

表11-2 土壤物理性状评价

容重(g/cm^3)	总孔隙度(%)	地下水埋深(m)	灌排水情况	等级
1.1～1.2	＞55	2.5～3.5	良好	优
1.2～1.3	＞55	3.5～5.0	较好	良
1.3～1.4	50－55	1.2～2.5	中等	中
1.4～1.5	45－50	1.0～1.5	暗渍	差
＞1.5	＜45	＜1.0	沥涝	劣

表11-3 土壤属性评价

土壤亚类	表土质地	熟土层(cm)	蚯蚓粪粒及程度	等级
潮土、褐土	轻壤	＞50	强、全剖面有	优
褐土	中壤	40～50	中、表土、心土有	良
冲积潮土	砂壤	30～40	弱、表土、亚表土有	中
砂浆潮土	重壤	15～30	极弱、表土有	差
湿潮土	砂土	＜15	基本无	劣

二、瓜菜地的培育措施

地块选择。地势平坦，阳光充足，水源良好，能灌能排，交通便利的壤质土壤。

施肥。大量使用腐熟好的有机肥，化肥施用要根据不同瓜菜种类的需肥特点，合理使用氮磷钾及中、微量元素，使用数量要充足，施肥时期要恰当，施肥方法要合理。

建立合理的物质循环体系，改善生态环境，注重轮作换茬，进一步优化种植结构，使耕地肥力在生产发展中得到培育和改良，不断提升耕地质量，实现农业生产的可持续发展。

发展使用渗灌、喷灌、滴灌节水灌溉技术，避免或减轻由于过量灌溉造成的土壤板结和土壤次生盐碱化。

逐步深耕，加厚活土层。

图书在版编目(CIP)数据

鄄城耕地/田言俊主编. —济南:山东大学出版社,2011.6
ISBN 978-7-5607-4318-9

Ⅰ. ①鄄...
Ⅱ. ①田...
Ⅲ. ①耕地—土壤肥力—土壤调查—鄄城县②耕作土壤—评价—鄄城县
Ⅳ. ①S159.252.4②S158
中国版本图书馆 CIP 数据核字(2011)第 103787 号

山东大学出版社出版发行
(山东省济南市山大南路 20 号　邮政编码:250100)
山 东 省 新 华 书 店 经 销
莱芜市圣龙印务有限责任公司
787×1092 毫米　1/16　8.25 印张　10 插页　202 千字
2011 年 6 月第 1 版　2011 年 6 月第 1 次印刷
定价:26.00 元

附　录

鄄城县地理底图

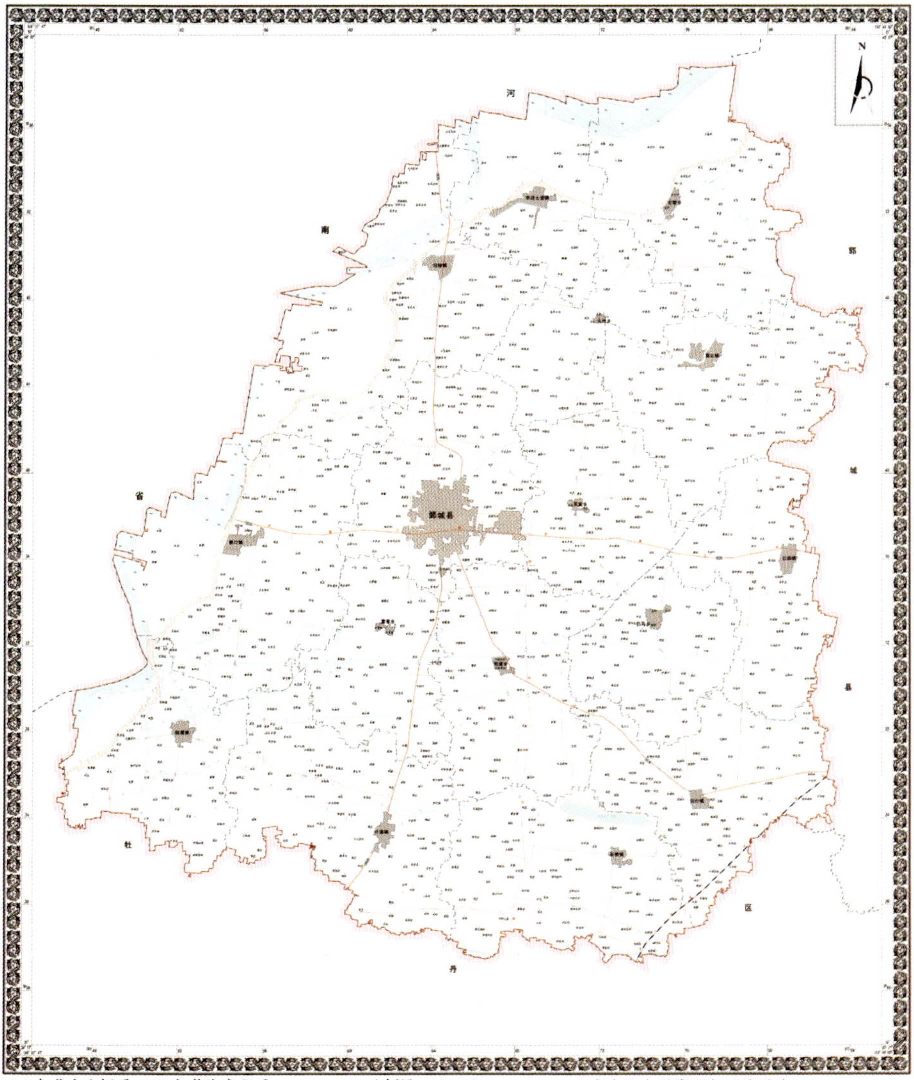

1954年北京坐标系　1956年黄海高程系　　比例尺1:350000　　山东农业大学资源与环境学院
山东天地亚太国土遥感有限公司　二〇〇九年十月

鄄城县土壤pH分布图

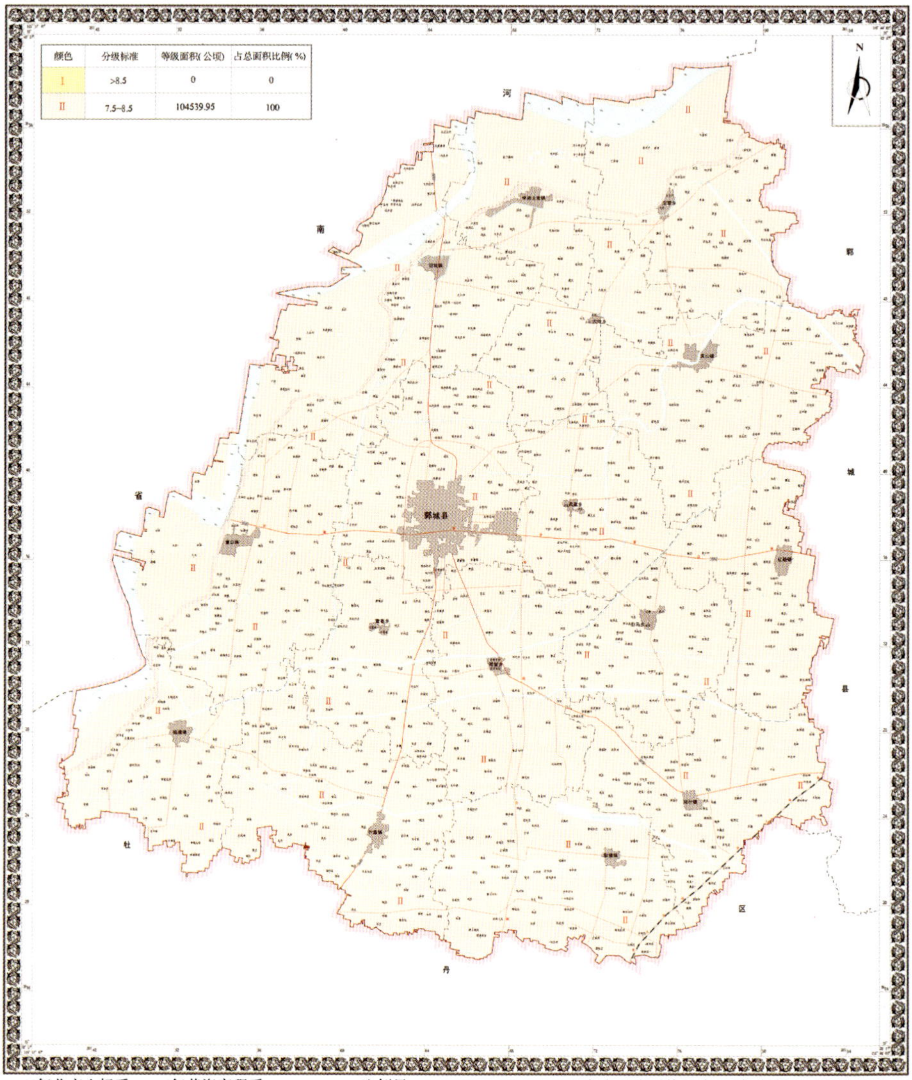

1954年北京坐标系 1956年黄海高程系 比例尺1:350000

山东农业大学资源与环境学院
山东天地亚太国土遥感有限公司 二〇〇九年十月

鄄城县耕地地力评价等级图

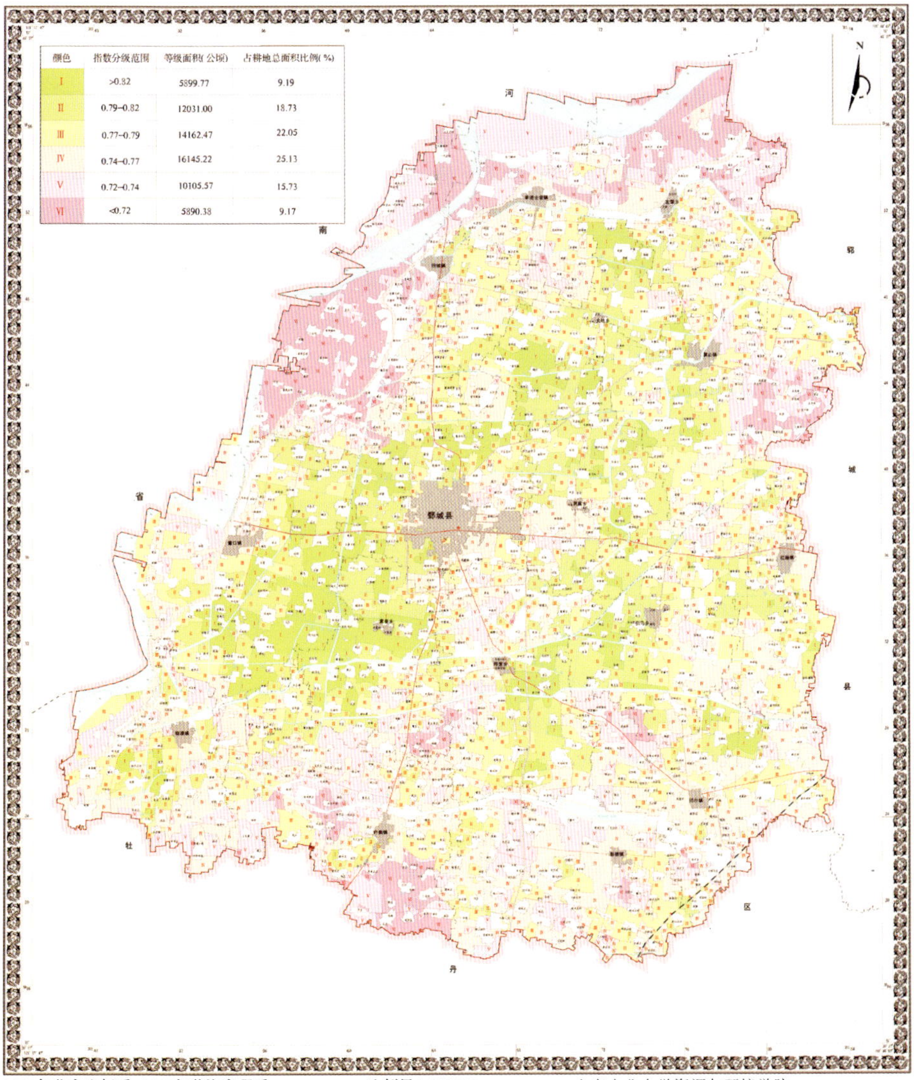

颜色	指数分级范围	等级面积(公顷)	占耕地总面积比例(%)
Ⅰ	>0.82	5899.77	9.19
Ⅱ	0.79–0.82	12031.00	18.73
Ⅲ	0.77–0.79	14162.47	22.05
Ⅳ	0.74–0.77	16145.22	25.13
Ⅴ	0.72–0.74	10105.57	15.73
Ⅵ	<0.72	5890.38	9.17

1954年北京坐标系 1956年黄海高程系　　比例尺1:350000

山东农业大学资源与环境学院
山东天地亚太国土遥感有限公司　二〇〇九年十月

鄄 城 县 地 貌 图

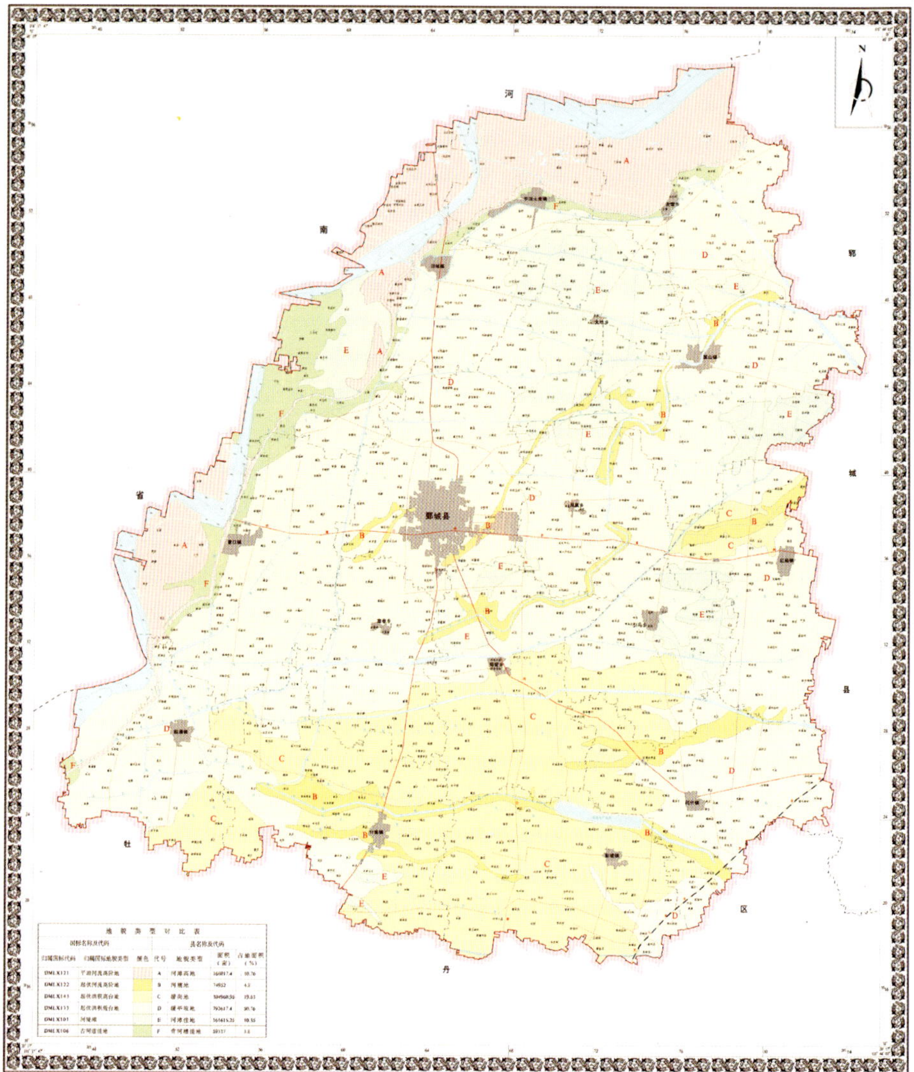

1954年北京坐标系 1956年黄海高程系 比例尺1:350000

山东农业大学资源与环境学院
山东天地亚太国土遥感有限公司 二〇〇九年十月

鄄城县耕地地力调查点点位图

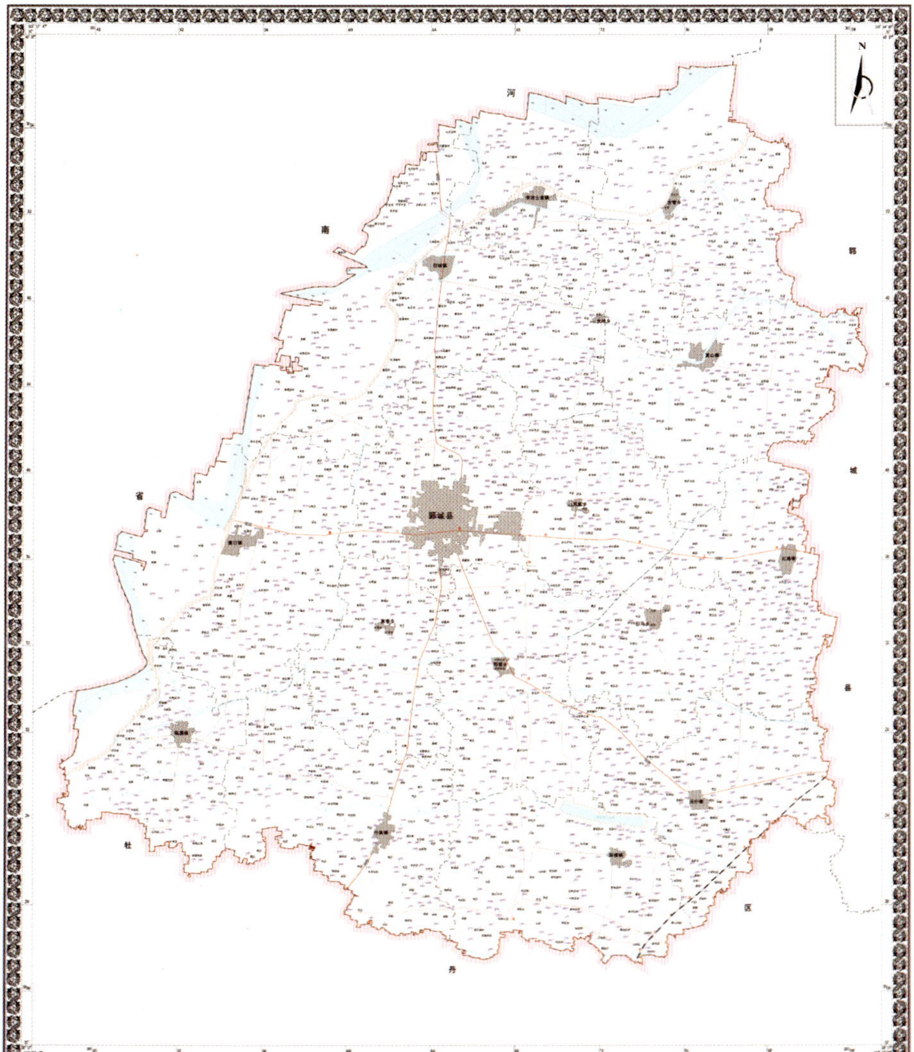

1954年北京坐标系 1956年黄海高程系 比例尺1:350000 山东农业大学资源与环境学院 山东天地亚太国土遥感有限公司 二〇〇九年十月

鄄城县灌溉分区图

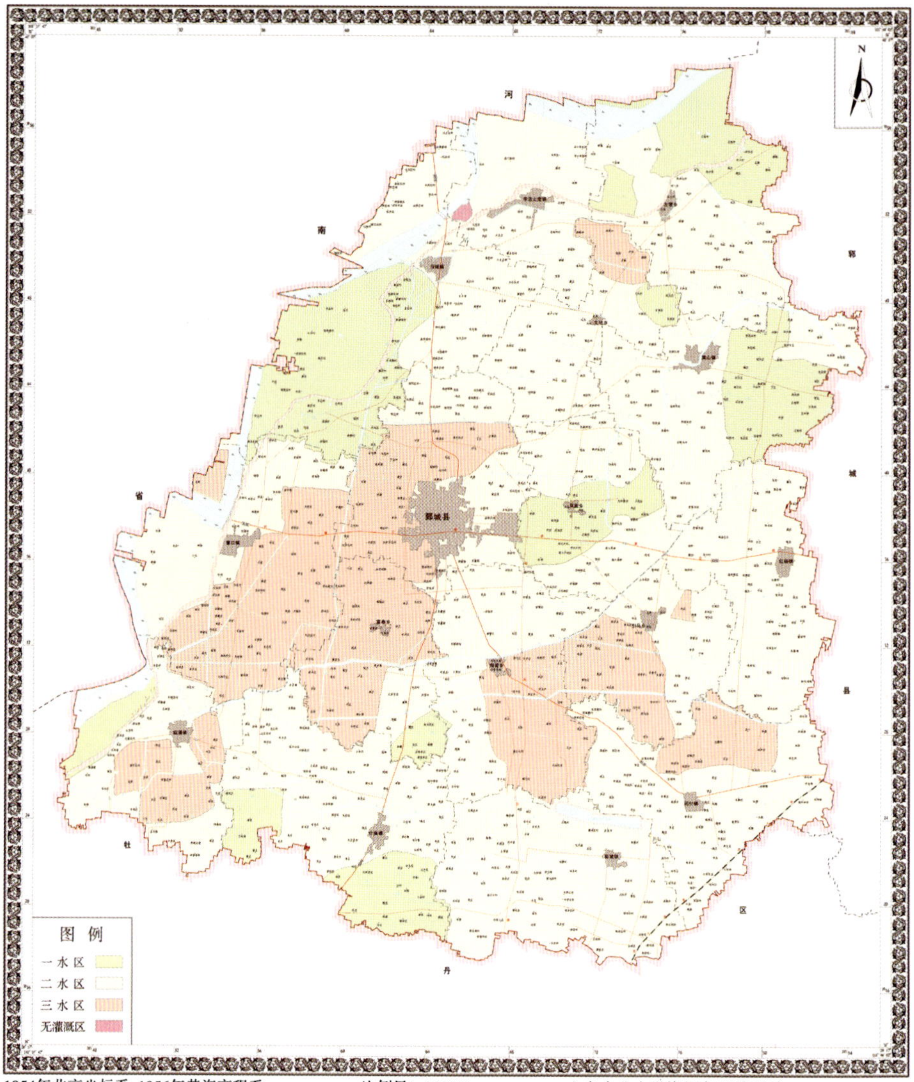

1954年北京坐标系 1956年黄海高程系 比例尺1∶350000

山东农业大学资源与环境学院
山东天地亚太国土遥感有限公司
二〇〇九年十月

鄄城县土壤缓效钾含量分布图

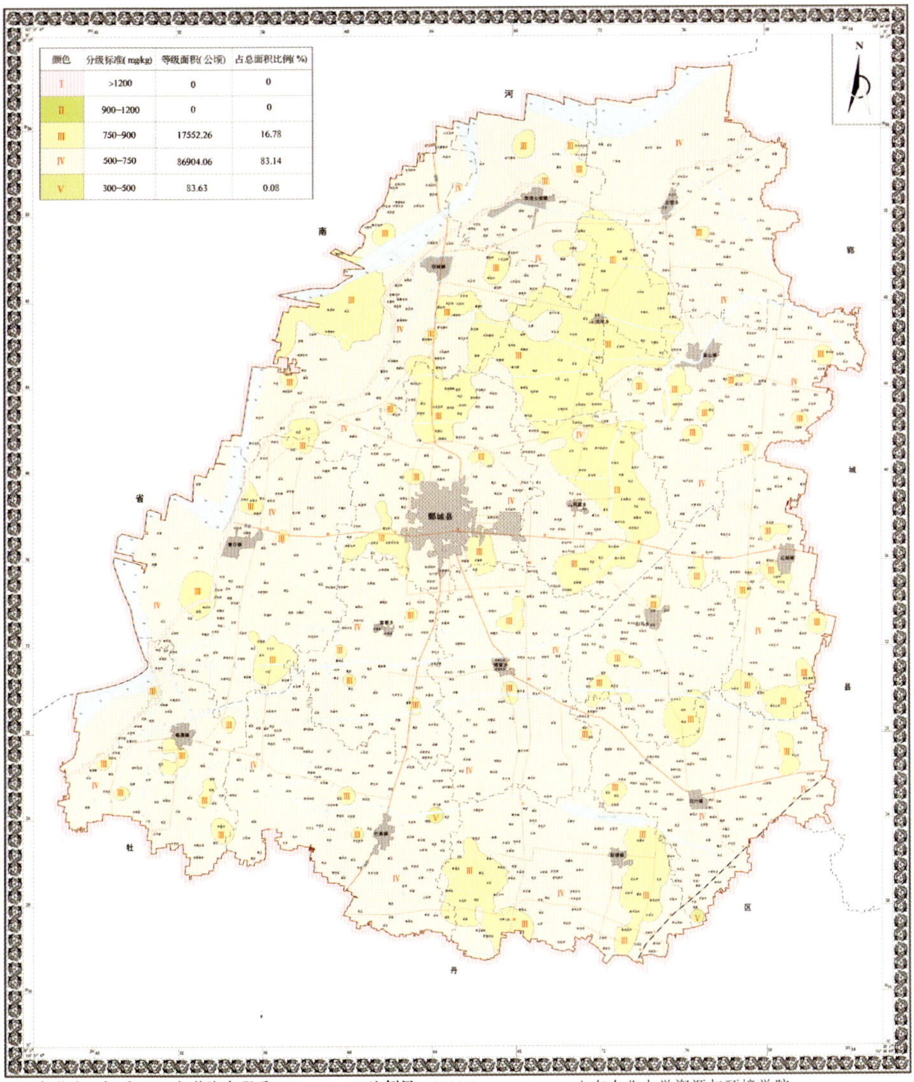

颜色	分级标准(mg/kg)	等级面积(公顷)	占总面积比例(%)
Ⅰ	>1200	0	0
Ⅱ	900–1200	0	0
Ⅲ	750–900	17552.26	16.78
Ⅳ	500–750	86904.06	83.14
Ⅴ	300–500	83.63	0.08

1954年北京坐标系 1956年黄海高程系　　比例尺1:350000　　山东农业大学资源与环境学院
山东天地亚太国土遥感有限公司　二〇〇九年十月

鄄城县土壤碱解氮含量分布图

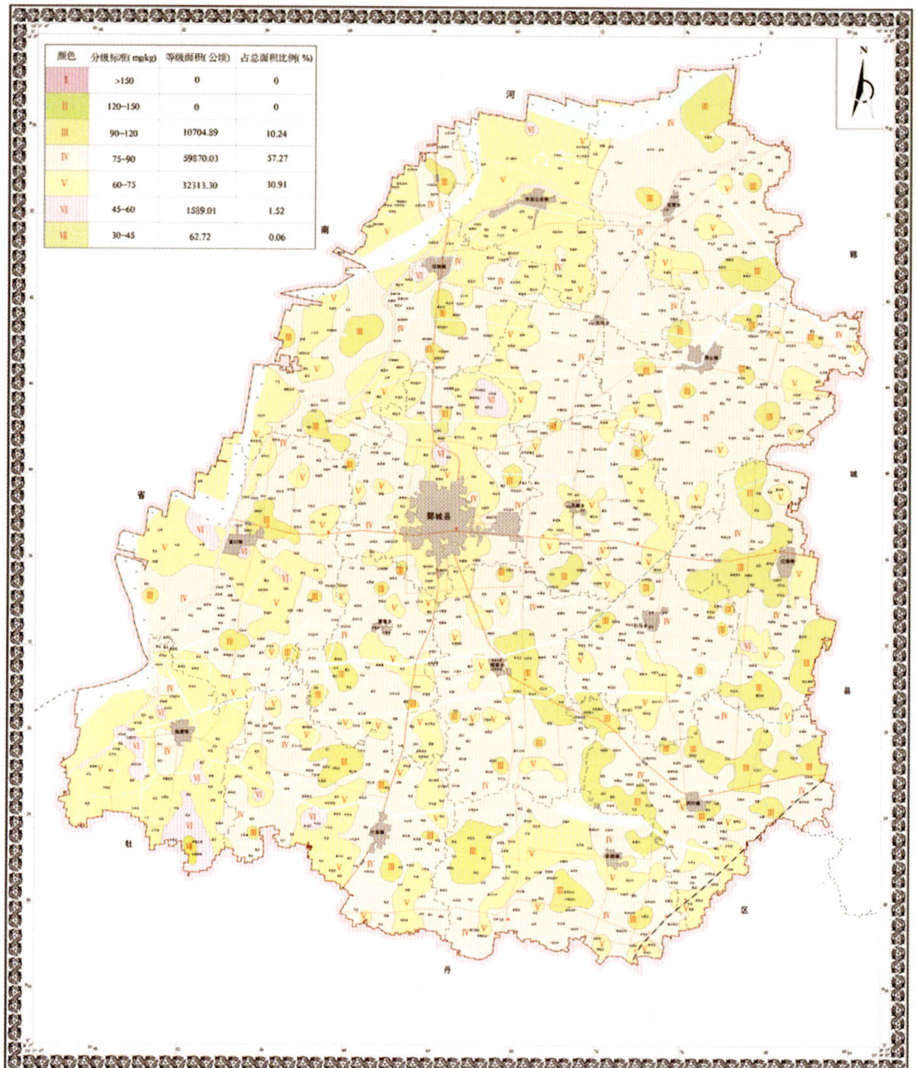

1954年北京坐标系 1956年黄海高程系　　比例尺1:350000　　山东农业大学资源与环境学院
山东天地亚太国土遥感有限公司 二〇〇九年十月

鄄城县矿化度含量分布图

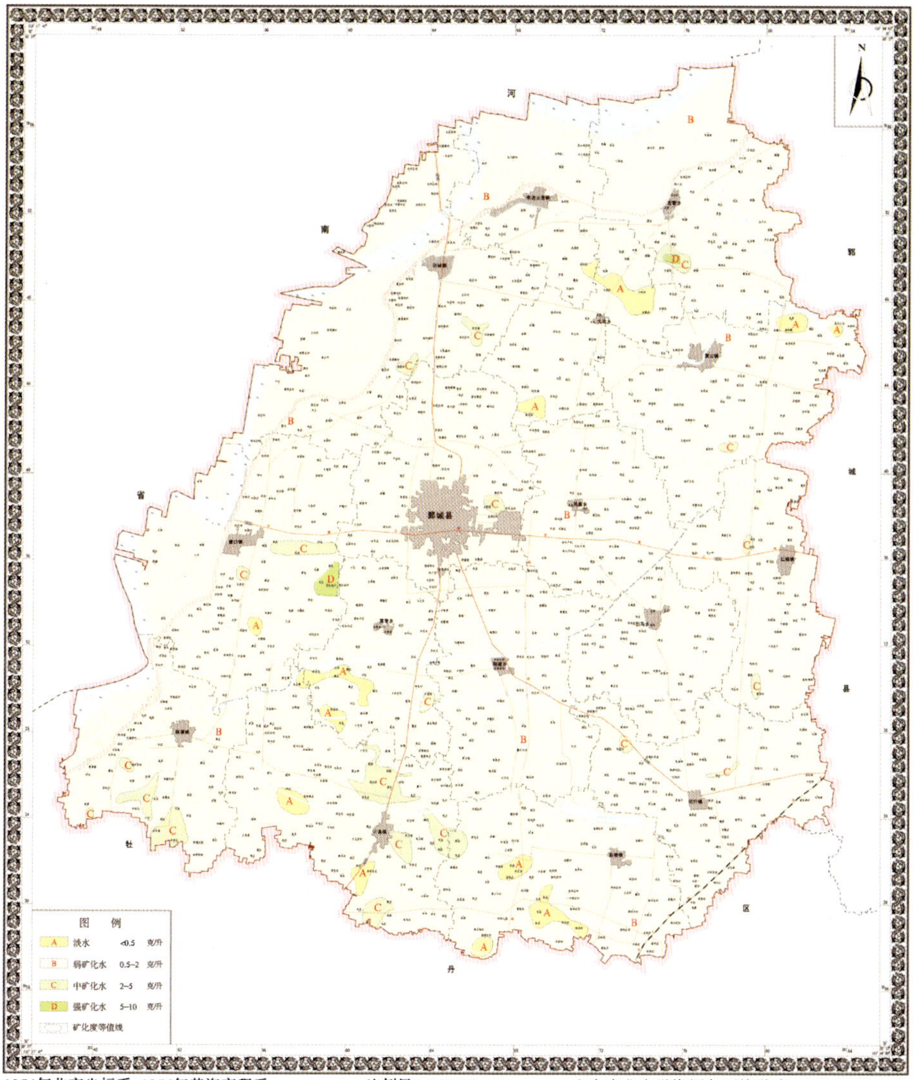

1954年北京坐标系 1956年黄海高程系　　比例尺1:350000　　山东农业大学资源与环境学院
山东天地亚太国土遥感有限公司 二〇〇九年十月

鄄城县土壤全氮含量分布图

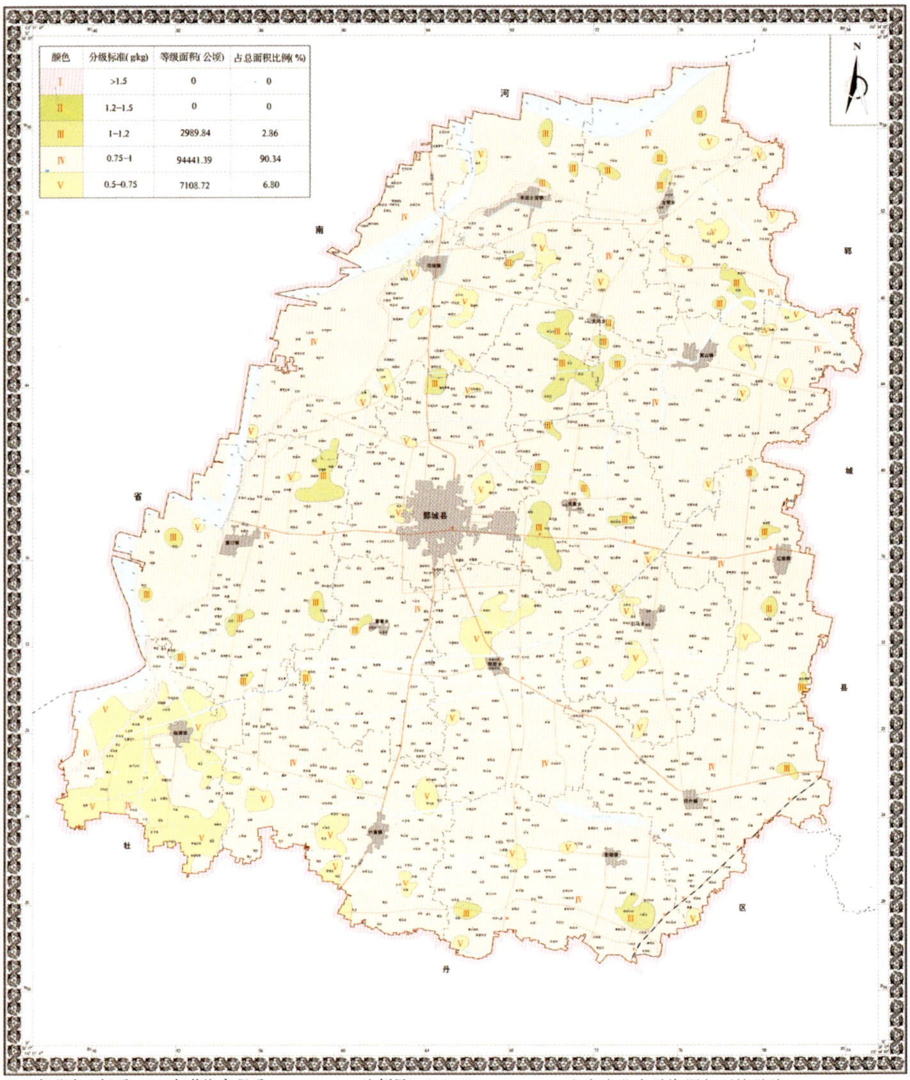

颜色	分级标准(g/kg)	等级面积(公顷)	占总面积比例(%)
Ⅰ	>1.5	0	0
Ⅱ	1.2–1.5	0	0
Ⅲ	1–1.2	2989.84	2.86
Ⅳ	0.75–1	94441.39	90.34
Ⅴ	0.5–0.75	7108.72	6.80

1954年北京坐标系 1956年黄海高程系　　比例尺1:350000　　山东农业大学资源与环境学院　山东天地亚太国土遥感有限公司　二〇〇九年十月

鄄城县土壤速效钾含量分布图

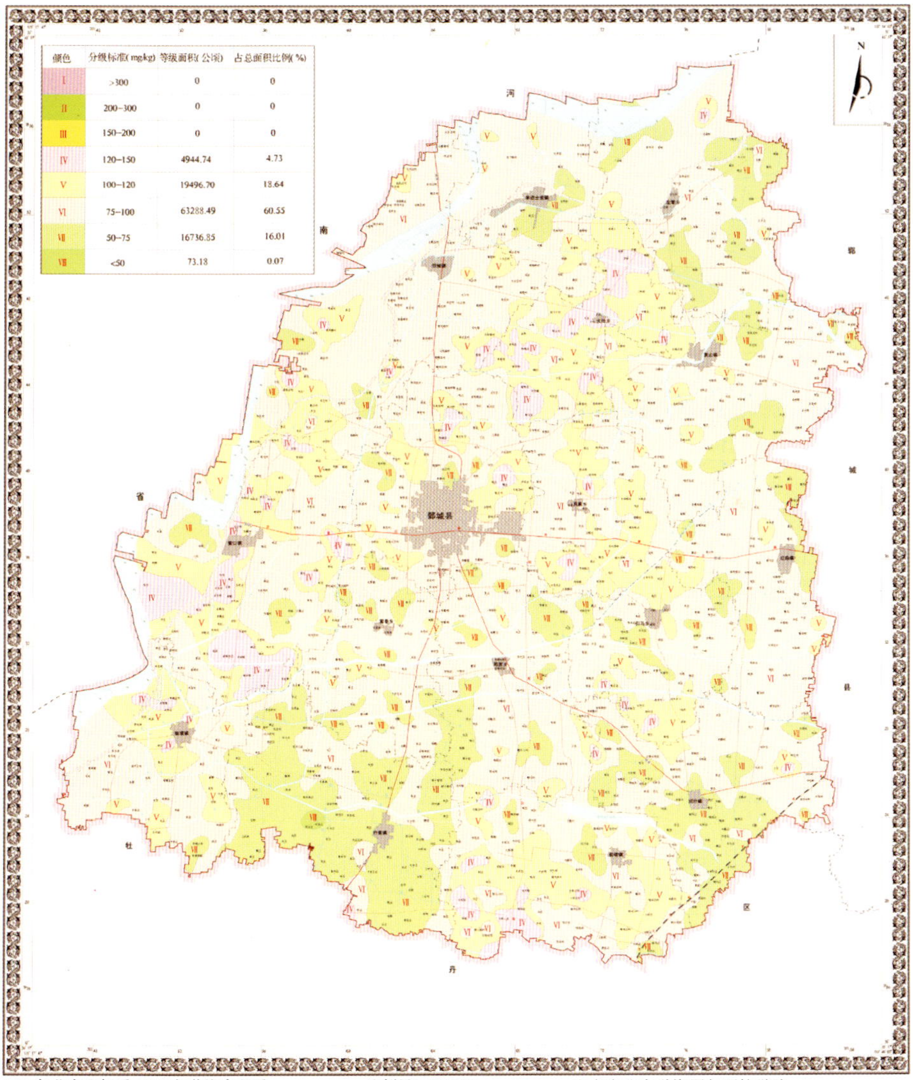

颜色	分级标准(mg/kg)	等级面积(公顷)	占总面积比例(%)
Ⅰ	>300	0	0
Ⅱ	200~300	0	0
Ⅲ	150~200	0	0
Ⅳ	120~150	4944.74	4.73
Ⅴ	100~120	19496.70	18.64
Ⅵ	75~100	63288.49	60.55
Ⅶ	50~75	16736.85	16.01
Ⅷ	<50	73.18	0.07

1954年北京坐标系 1956年黄海高程系　　比例尺1:350000　　山东农业大学资源与环境学院
山东天地亚太国土遥感有限公司　二〇〇九年十月

鄄城县土壤图

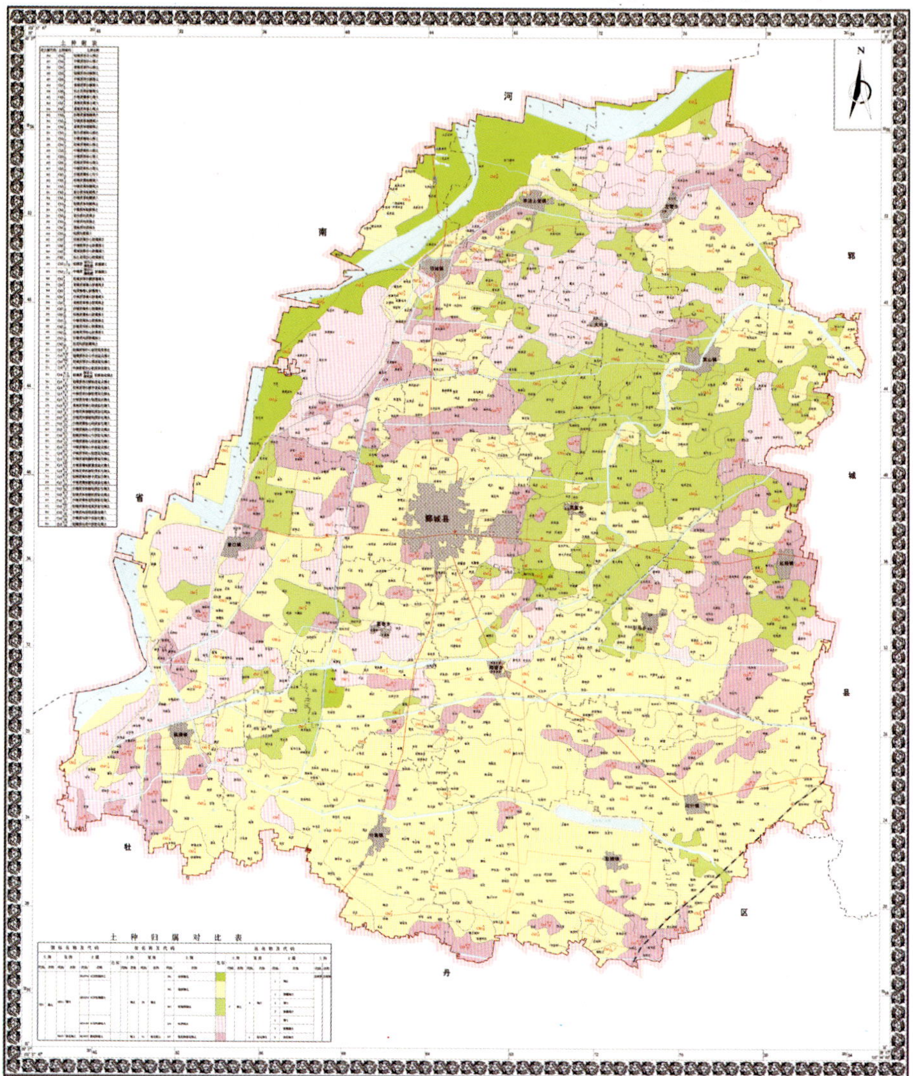

1954年北京坐标系 1956年黄海高程系 比例尺1:350000

山东农业大学资源与环境学院
山东天地亚太国土遥感有限公司 二〇〇九年十月

鄄城县土地利用现状图

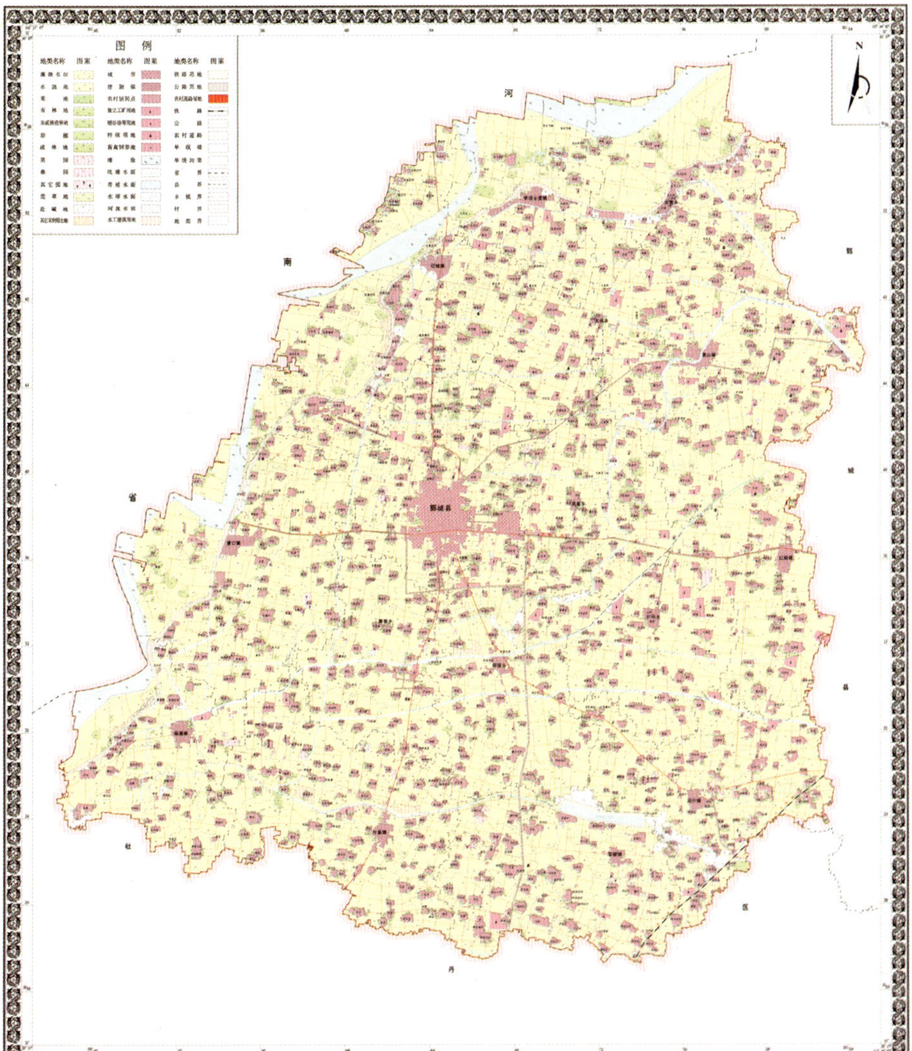

1954年北京坐标系 1956年黄海高程系 比例尺1:350000

山东农业大学资源与环境学院
山东天地亚太国土遥感有限公司 二〇〇九年十月

鄄城县土壤有机质含量分布图

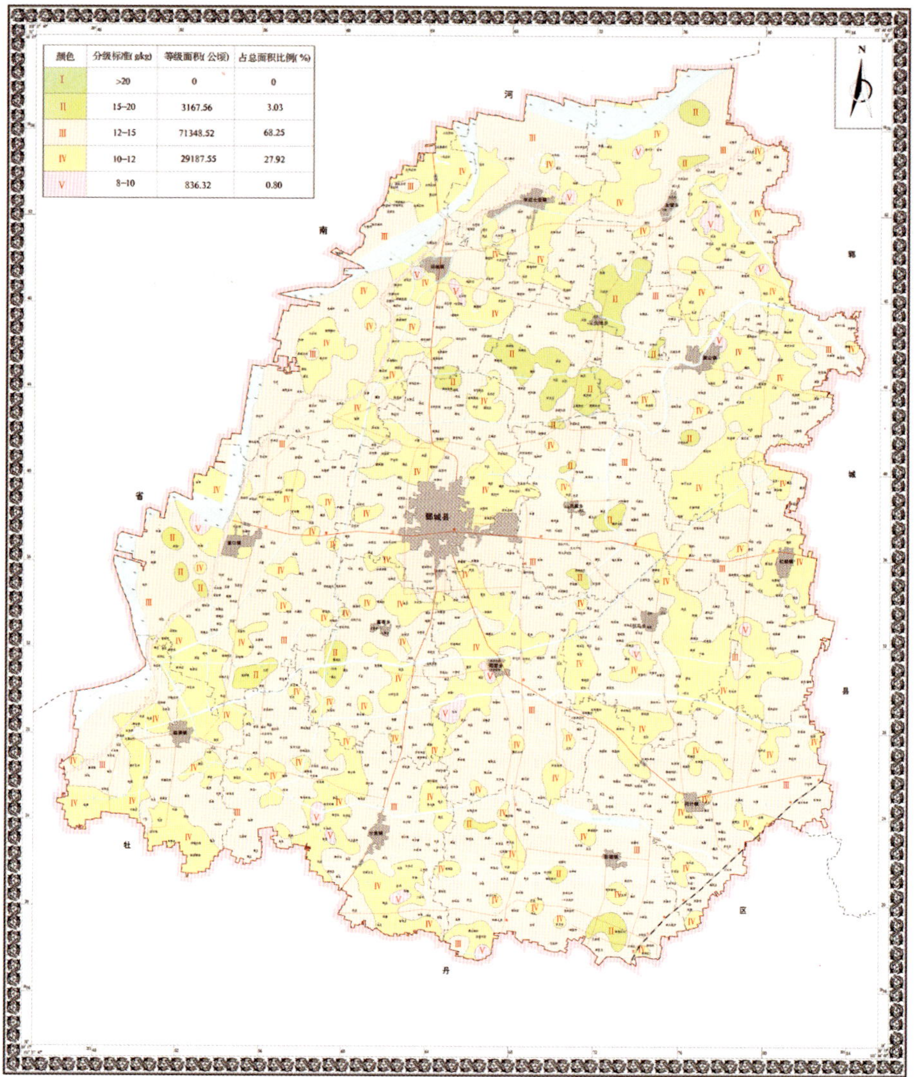

1954年北京坐标系 1956年黄海高程系

比例尺1:350000

山东农业大学资源与环境学院
山东天地亚太国土遥感有限公司 二〇〇九年十月

鄄城县土壤有效磷含量分布图

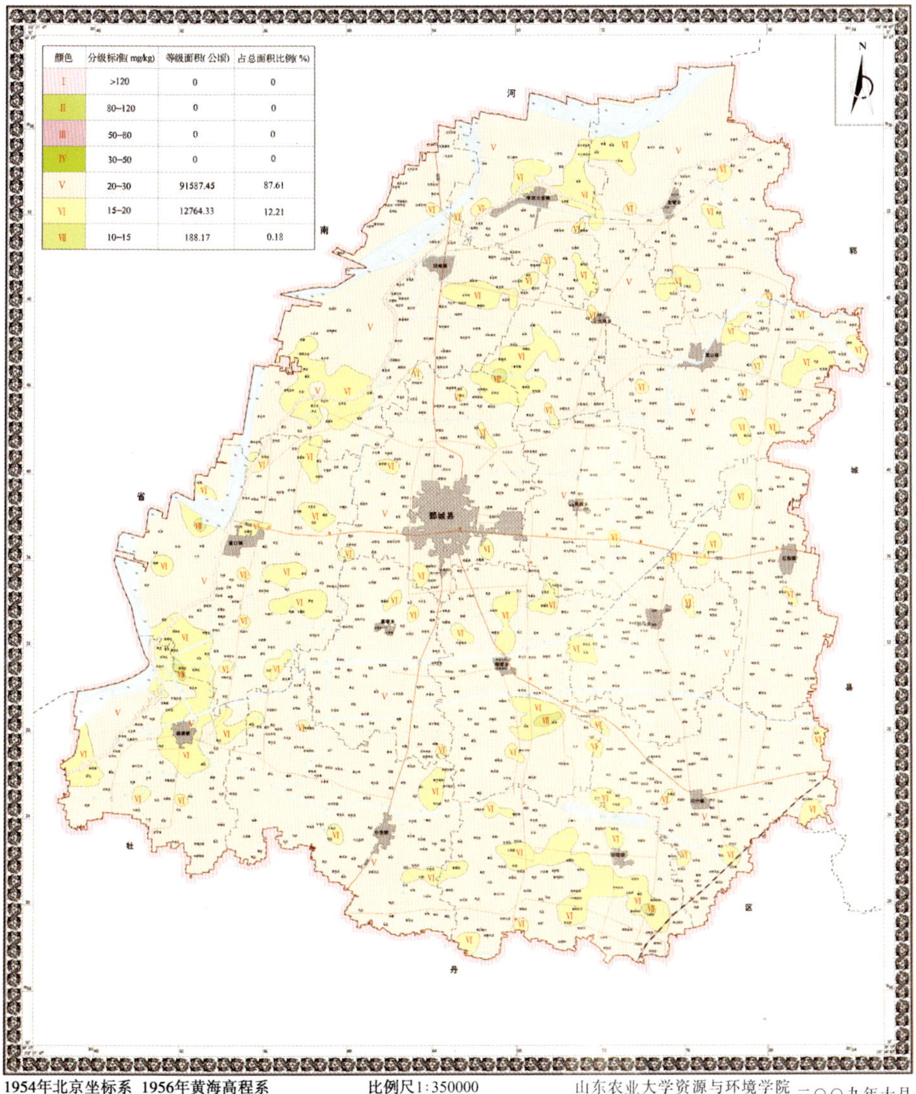

1954年北京坐标系 1956年黄海高程系　　比例尺1:350000　　山东农业大学资源与环境学院 山东天地亚太国土遥感有限公司 二〇〇九年十月

鄄城县土壤有效硫含量分布图

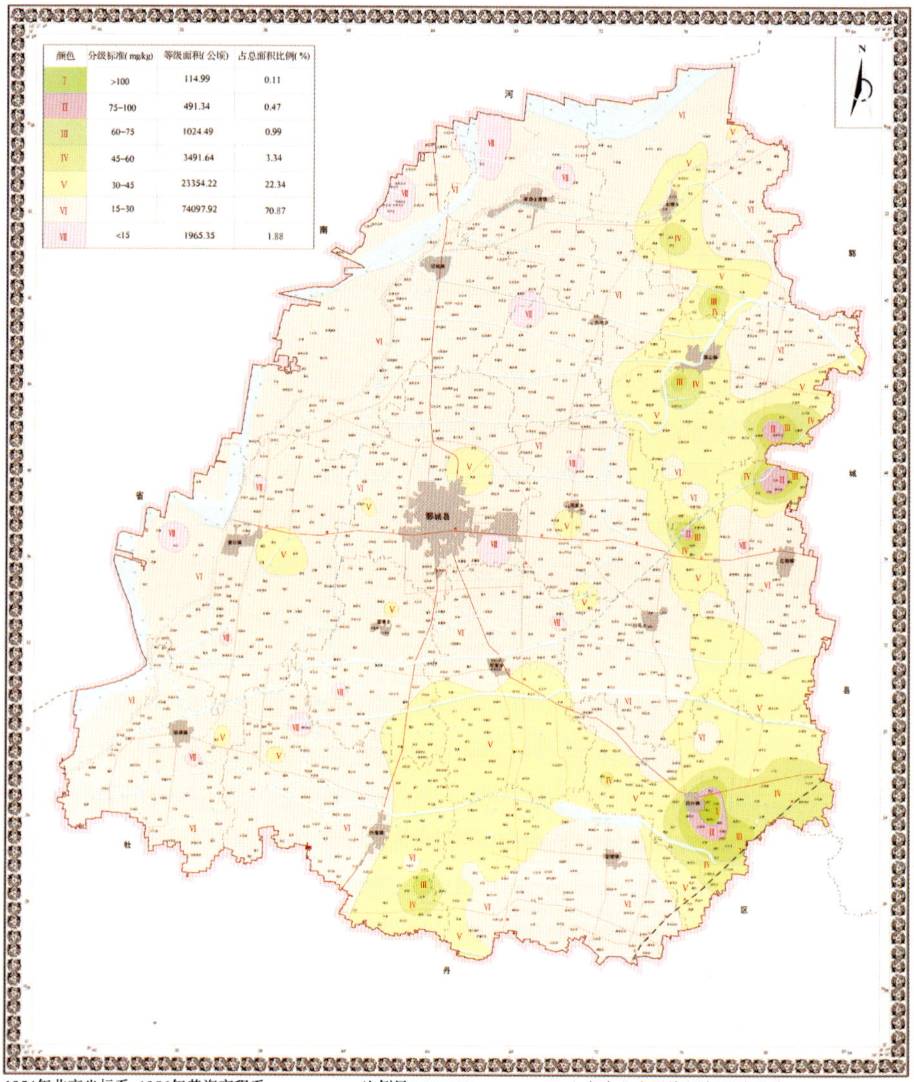

颜色	分级标准(mg/kg)	等级面积(公顷)	占总面积比例(%)
Ⅰ	>100	114.99	0.11
Ⅱ	75~100	491.34	0.47
Ⅲ	60~75	1024.49	0.99
Ⅳ	45~60	3491.64	3.34
Ⅴ	30~45	23354.22	22.34
Ⅵ	15~30	74097.92	70.87
Ⅶ	<15	1965.35	1.88

1954年北京坐标系 1956年黄海高程系

比例尺1:350000

山东农业大学资源与环境学院
山东天地亚太国土遥感有限公司
二〇〇九年十月

鄄城县土壤有效硼含量分布图

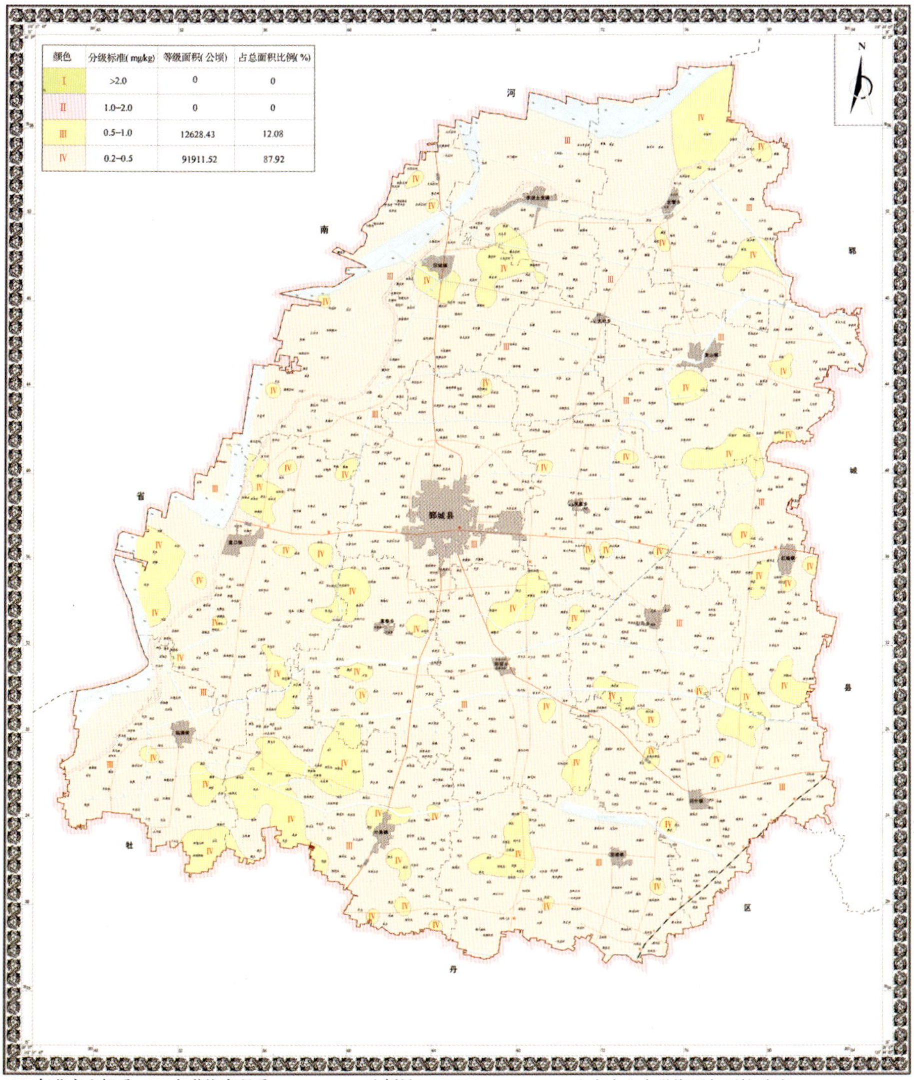

1954年北京坐标系 1956年黄海高程系 比例尺1:350000 山东农业大学资源与环境学院 山东天地亚太国土遥感有限公司 二〇〇九年十月

鄄城县土壤有效铁含量分布图

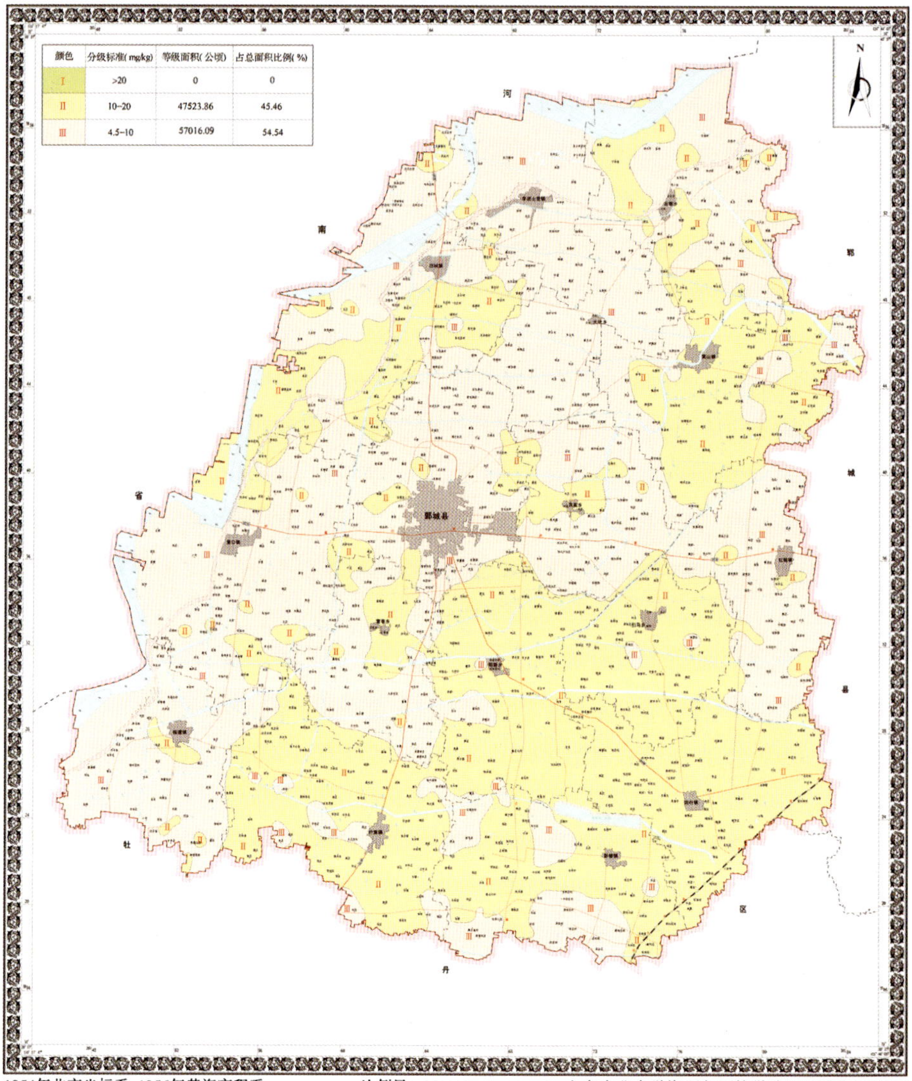

1954年北京坐标系 1956年黄海高程系

比例尺1:350000

山东农业大学资源与环境学院
山东天地亚太国土遥感有限公司
二〇〇九年十月